彩图 1　发财树

彩图 2　'黄金'香柳

彩图 3　幌伞枫

彩图 4　橡胶榕

彩图 5　福禄桐

彩图 6　杜鹃花

彩图 7　遍地黄金

彩图 8　茶花

彩图 9　簕杜鹃

彩图 10　紫薇

彩图 11　龙船花

彩图 12　月季

彩图 13　大花美人蕉

彩图 14　龟背竹

彩图 15　鸳鸯茉莉

彩图 16　大红花

彩图 17　桂花

彩图 18　'黄叶'假连翘

彩图 19　灰莉

彩图 20　苏铁

彩图 21　棕竹

彩图 22　一叶兰

彩图 23　沿阶草

彩图 24　肾蕨

彩图 25　胡椒木

彩图 26　大叶伞

彩图 27　垂榕

彩图 28　硬枝黄蝉

彩图 29　马缨丹

彩图 30　米仔兰

彩图 31　九里香

彩图 32　彩叶草

彩图 33　细叶萼距花

彩图 34　变叶木

彩图 35　四季橘

彩图 36　一品红

彩图 37 菊花

彩图 38 墨兰

彩图 39 长寿花

彩图 40 蝴蝶兰

彩图 41 红掌

彩图 42 非洲菊

彩图 43　百合

彩图 44　大丽花

彩图 45　鸡冠花

彩图 46　一串红

彩图 47　太阳花

彩图 48　天竺葵

彩图 49　百日草

彩图 50　万寿菊

彩图 51　长春花

彩图 52　虎尾兰

彩图 53　巴西铁

彩图 54　富贵竹

彩图 55　绿萝

彩图 56　常春藤

彩图 57　合果芋

彩图 58　春羽

彩图 59　散尾葵

彩图 60　吊兰

彩图 61　芙蓉

彩图 62　铜钱草

彩图 63　炮仗花

彩图 64　鸡蛋花

彩图 65　睡莲

彩图 66　荷花

彩图 67　鹤望兰

彩图 68　龙吐珠

彩图 69　木棉

彩图 70　红刺林投

彩图 71　南天竹

彩图 72　石榴

彩图 73　美丽异木棉

彩图 74　文心兰

彩图 75　拖鞋兰

彩图 76　非洲紫罗兰

彩图 77　四季海棠

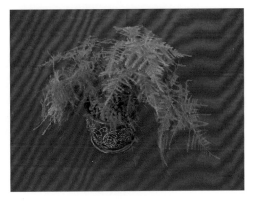

彩图 78　文竹

彩图 79　金钱树

彩图 80　仙客来

彩图 81　虎刺梅

彩图 82　蟹爪兰

彩图 83　沙漠玫瑰

彩图 84　五彩石竹

彩图 85　金琥

彩图 86　芦荟

彩图 87　花叶芋

彩图 88　冷水花

彩图 89　海芋

彩图 90　酒瓶兰

彩图 91　山海带

彩图 92　大叶紫薇

彩图 93　绣球花

彩图 94　广东万年青

彩图 95　猪笼草

彩图 96　大花蕙兰

彩图 97　空气凤梨

彩图 98　吊金钱

彩图 99　黄毛掌

彩图 100　网纹草

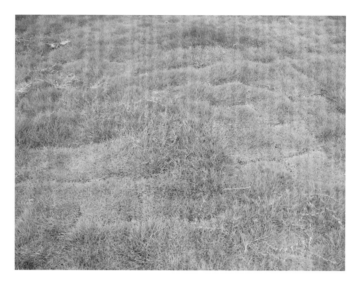

彩图 101　台湾草

彩图 102　地毯草

彩图 103　蛴螬

彩图 104　蚜虫

彩图 105　红蜘蛛

彩图 106　介壳虫

彩图 107　蓟马

彩图 108　白粉虱

彩图 109　斜纹夜蛾幼虫

彩图 110　卷叶蛾幼虫

彩图 111　小灰蝶成虫

彩图 112　潜叶蝇

彩图 113　灰巴蜗牛

彩图 114　野蛞蝓

彩图 115　天牛幼虫

彩图 116　红掌叶片细菌性病害

彩图 117　白粉病

彩图 118　锈病

彩图 119　煤污病

彩图 120　灰霉病

彩图 121　炭疽病

彩图 122　叶斑病

彩图 123　病毒导致叶畸形

彩图 124　病毒导致变色型病害

彩图 125　茎腐病　　　　　　　　　　　　　彩图 126　枝枯病

彩图 127　根腐病

（第2版）

花卉园艺基本技能

就业技能培训教材 | 人力资源社会保障部职业培训规划教材
人力资源社会保障部教材办公室评审通过

主编　刘海涛

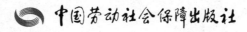

中国劳动社会保障出版社

图书在版编目(CIP)数据

花卉园艺基本技能/刘海涛主编. -- 2 版. -- 北京：中国劳动社会保障出版社，2019
ISBN 978-7-5167-3777-4

Ⅰ.①花… Ⅱ.①刘… Ⅲ.①花卉-观赏园艺-职业培训-教材 Ⅳ.①S68

中国版本图书馆 CIP 数据核字(2019)第 021624 号

中国劳动社会保障出版社出版发行

(北京市惠新东街 1 号 邮政编码：100029)

*

北京市艺辉印刷有限公司印刷装订 新华书店经销
787 毫米×960 毫米 16 开本 12.75 印张 1.5 印张彩插 215 千字
2019 年 1 月第 2 版 2023 年 2 月第 3 次印刷

定价：29.00 元

营销中心电话：400-606-6496
出版社网址：http://www.class.com.cn

前　言

国务院《关于推行终身职业技能培训制度的意见》提出，要围绕就业创业重点群体，广泛开展就业技能培训。为促进就业技能培训规范化发展，提升培训的针对性和有效性，人力资源社会保障部教材办公室对原职业技能短期培训教材进行了优化升级，组织编写了就业技能培训系列教材。本套教材以相应职业（工种）的国家职业技能标准和岗位要求为依据，力求体现以下特点：

全。教材覆盖各类就业技能培训，涉及职业素质类，农业技能类，生产、运输业技能类，服务业技能类，其他技能类五大类。

精。教材中只讲述必要的知识和技能，强调实用和够用，将最有效的就业技能传授给受培训者。

易。内容通俗，图文并茂，引入二维码技术提供增值服务，易于学习。

本套教材适合于各类就业技能培训。欢迎各单位和读者对教材中存在的不足之处提出宝贵意见和建议。

人力资源社会保障部教材办公室

内 容 简 介

    本书是花卉园艺就业技能培训教材。本书主要内容包括花卉辨识、花卉种植的土壤与施肥、花卉的繁殖、花卉的栽培和养护管理、花卉的病虫害及其防治等。通过本书的学习，学员能够从事花卉种苗、盆花、鲜切花和观赏苗木的繁育、栽培管理等基本工作，以及园林植物的养护管理工作。

    为帮助读者更好地掌握花卉园艺技能，扫描封底的二维码可免费查看本书相关高清图片。

    本书在编写过程中得到广东省人力资源和社会保障厅的大力支持，在此表示衷心的感谢。

目 录

模块一　花卉各器官的形态结构

花卉有广义和狭义两种解释。狭义的花卉是指具有观赏价值的草本植物。广义的花卉是指观赏植物，即具有观赏价值，适用于室内外布置、美化环境的植物。所以，广义的花卉不仅包含观花的植物，也包含非观花的植物；不仅包括草本植物，还包括木本植物中的乔木和灌木，地被植物和草坪草也可归入其中。目前所说的花卉，一般是指广义的花卉。辨识花卉是对花卉园艺师的最基本要求，由于花卉的种类和品种相当多，要进行正确的识别，就必须了解植物的形态结构及其他基本知识。

组成植物体的基本结构单位是细胞，由细胞组成不同的组织，由多种不同的组织再组成具有一定功能和形态结构的器官。各器官之间在生理和结构上有明显的差异，但彼此又密切联系、相互协调，构成一个完整的植物体。

植物通常具有根、茎、叶、花、果实、种子等器官，其中根、茎和叶称为营养器官，它们是产生花、果实和种子的基础；花、果实和种子与生殖有密切关系，称为生殖器官。

一、种子

不同植物的种子在大小、形状和颜色方面都有不同。草花的种子大都小或者很小。但无论什么植物的种子，其内部结构都差不多，种子外为种皮，里面有胚，有的植物种子还有胚乳。胚是构成种子最重要的部分，由胚芽、胚根、胚轴和子叶所组成。

种子萌发时，一般胚根先突破种皮向下生长，形成主根，然后胚芽突出种皮向上生长，伸出土面形成茎和叶，逐渐形成幼苗（见图1—1）。

胚芽生长发育而成的叶片叫作真叶，依次有第1片真叶、第2片真叶、第3片真叶等。在进行幼苗移植时，通常把真叶数量作为衡量幼苗大小的一个指标。

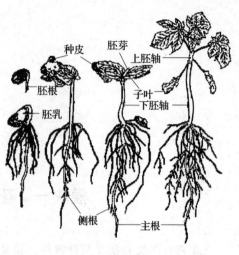

图 1—1　种子与幼苗的形态特征

二、根

根的主要功能是固定植株，并且吸收水分和营养元素供植物生长利用。根据发生的部位不同，根可以分为主根、侧根和不定根三种。

种子萌发时，胚根直接生长成为主根。由茎和叶上发生的根，叫不定根。叶插和茎插繁殖时插穗所产生的根都属于不定根。主根和不定根都会再进行分支，称为侧根。

对于大部分的植物来说，无论一条根有多长，通常在其末端即根尖处都有一段长有许多白色小毛即根毛的地方，称为根毛区。根毛是表皮细胞向外突出的、顶端密闭的管状结构。根毛是根部吸收水分和养料的主要部位。

某些植物如吊兰、君子兰等，其根比一般植物要粗，肉质多汁，特称为肉质根。

另有部分植物的营养器官，适应不同的环境行使特殊的生理功能，其形态结构发生变异，经历若干世代以后，变异越为明显，成为该种植物的遗传特性，这种现象称为器官的变态。花卉根的变态有块根和气生根两种类型。

块根是指肥大呈块状的根，如图1—2所示，大丽花的块根就是由不定根或侧根经过增粗生长而成的肉质储藏根。

气生根（气根）是指露出地面暴露于空气中的不定根。如绿萝、蔓绿绒类（见图1—3）等在茎上产生的气生根，主要起固定作用，让植株能附生于树干或其他物体上。榕树茎上的不定根也属气生根。

图 1—2　大丽花的块根

图 1—3　银叶蔓绿绒的气生根

三、茎

1. 茎的基本形态

茎可分为节和节间两部分。茎上着生叶的部位叫作节，相邻两个节之间的部分叫作节间。当叶子脱落后，节上留有痕迹叫作叶痕。茎的顶端和叶腋处（即叶与茎相交的内角）都长有芽。芽是未发育的枝或花和花序的原始体。大多数植物的茎是辐射状的圆柱体，有些植物的茎则呈三棱形、四棱形等。

多数植物具有坚挺直立生长的茎，但有些植物的茎不能自己直立，需借助其他物体攀附或缠绕生长，或者蔓生匍匐于地面，这一类植物叫作攀缘植物，或攀援植物、藤本植物，其茎又常称为蔓或藤，如茑萝、绿萝、蔓绿绒类等。攀缘植物常作为吊盆栽种或柱状栽培。

柱状栽培就是用一根柱（有人称之为图腾柱，可用棕衣、遮阴网或苔藓包裹竹棍或塑料管绑扎而成，因为气生根不会攀附在干而光滑的物体上）插入花盆中央，周围种上多株有气生根的攀缘植物（常见的有绿萝、合果芋、蔓绿绒等），让其攀附支柱向上生长，必要时进行绑扎等处理使茎叶分布均匀。用绿萝栽种成的柱状产品称为绿萝柱（见图 1—4），照此

图 1—4　绿萝柱

类推。柱状栽培的植物观赏价值高，用于室内外装饰效果好。

2. 芽的类型

芽有不同的类型。如生长在茎或枝顶端的芽称为顶芽，生长在叶腋处的芽称为侧芽。侧芽多生于叶腋，也称为腋芽。叶芽发育为营养枝，花芽发育为花或花序。

一个具体的芽，由于分类依据不同，可以给予不同的名称。如月季的顶芽，生长期时活跃地生长着，可以称为活动芽；其开始发育为营养枝时，属于叶芽；以后进入花芽分化，变为花芽。

3. 枝条的变态

（1）地下茎（或称地下枝条）的变态

有些植物生长于土壤中的茎部分会变成特殊形态和生态的肥大部分，这种肥大部分称为地下茎。地下茎的形态结构有多种，可分为根茎、块茎、鳞茎和球茎4大类。

地下茎肥大而粗长，像根一样横卧在地下，称为根茎或根状茎。莲藕和姜就是典型的根茎。在花卉中具有根茎的有美人蕉（见图1—5）、荷花、睡莲等。

块茎实际上是缩短了节间的变态枝，肥大呈块状，外形不整齐。马铃薯、地瓜和芋头都是块茎。块茎类的花卉有大岩桐、仙客来、花叶芋（见图1—6）等。

图1—5　美人蕉的根茎

图1—6　花叶芋的块茎

鳞茎由鳞茎盘和鳞片所组成。变态茎很短，呈扁平的盘状，称为鳞茎盘；鳞茎盘上面抱合着生着多数肥厚多肉的鳞片状叶变形体，称为鳞片叶或鳞片。洋葱就是典型的鳞茎。鳞茎又分有皮鳞茎和无皮鳞茎，具有皮鳞茎的花卉有水仙、郁金香（见图1—7）、朱顶红、葱兰等，具无皮鳞茎的花卉有百合（见图 1—8）等。

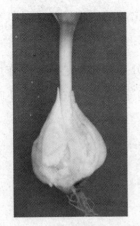
图 1—7　郁金香鳞茎的纵切面

图 1—8　百合的鳞茎

　　地下茎的变态部分膨大成球形、扁圆形或长圆形实体者，称为球茎。球茎有明显的节和节间，有较大的顶芽。荸荠和慈姑就是典型的球茎。具有球茎的花卉有唐菖蒲（见图 1—9）、小苍兰等。

　　（2）地上枝条的变态

　　地上枝条的变态包括茎和叶的变态，有多种，比较复杂。

　　叶状茎：茎扁化成叶状，绿色，有明显的节和节间，叶片退化，如天门冬（见图 1—10）、竹节蓼、昙花等。

图 1—9　唐菖蒲的球茎

图 1—10　天门冬的叶状茎

走茎：又叫长匍匐茎，是一种自叶丛抽生出来的节间较长的特化的茎，它由植株根颈处的叶腋生出，节间较长不贴地面，在茎顶或节上会长出新的小植株。常见具有走茎的植物有吊兰（见图1—11）、趣蝶莲、虎耳草等。

肉质茎和肉质叶：肉质茎绿色，肥大多肉，贮藏水分多，并能进行光合作用，叶片退化或呈刺状，如仙人掌、仙人球（见图1—12）等。对于很多多肉植物种类，则叶子变成肥厚肉质。

此外，茎和叶的变态还有刺、卷须、食虫植物的捕虫叶等。

图1—11　吊兰的走茎

图1—12　仙人球的肉质茎，叶片退化成刺

四、叶

1. 叶的形态特征

叶有规律地生于枝条上。一个典型的叶或叶子，分为叶片、叶柄和托叶三部分。叶柄是指叶片与茎枝相连的部分。不是所有植物的叶都有这三个部分，很多植物都没有托叶，而像观赏凤梨则没有托叶和叶柄，如图1—13所示。

叶片是叶的最重要的部分，一般为绿色、薄的扁平体。叶的形态特征主要表现在叶片的大小和形状上，不同植物差异很大，是辨识植物种类的重要依据。叶片的形状包括全叶、叶缘、叶尖、叶基以及叶脉的分布等，变化更大。就全叶形来说，分有圆形、阔椭圆形、长椭圆形、卵形、倒卵形、阔卵形、倒阔卵形、披针形、倒披针形、条形、剑形等，叶尖的形状有渐尖、锐尖、尾尖等，叶基的形状有心形、耳垂形、箭形等，如图 1—14 所示。

叶片的表皮上分布有许多气孔，它们是叶片与外界环境之间气体交换的通道，如二氧化碳的吸收、氧气的释放、水的蒸腾等。植物具有吸收有害气体的能力，有害气体也主要是通过气孔进入植物体内的。

2. 单叶和复叶

图 1—13　凤梨无托叶和叶柄

叶可分为单叶和复叶两类。如果 1 个叶柄上只生 1 片叶，不论其是完整的还是分裂的，都叫单叶，如菊花、橡胶榕等。如果在叶柄上着生 2 个以上完全独立的小叶片，则叫作复叶。复叶的叶柄叫总叶柄，小叶的叶柄叫小叶柄。

依据总叶柄的分枝和各小叶的着生位置不同，复叶又可分为羽状复叶和掌状复叶两大类（见图 1—15）。羽状复叶按叶轴顶端的小叶数目不同，可分为奇数羽状复叶和偶数羽状复叶两种。羽状复叶的轴为叶轴，各小叶排列于叶轴的两侧呈羽毛状，如月季、九里香、肾蕨等。如果羽状复叶的叶轴分枝或再分枝，小叶着生于最后的分枝上，则形成二回或三

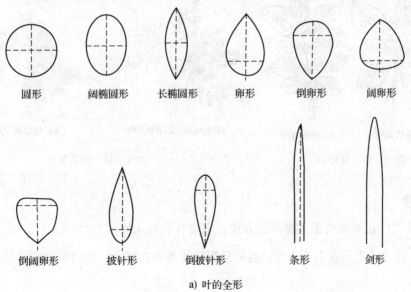

圆形　　阔椭圆形　　长椭圆形　　卵形　　倒卵形　　阔卵形

倒阔卵形　　披针形　　倒披针形　　条形　　剑形

a) 叶的全形

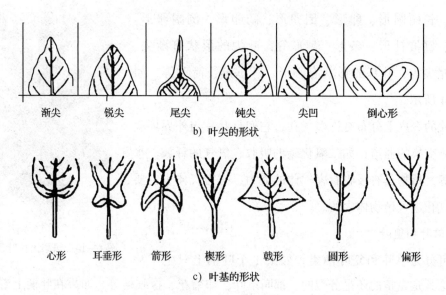

b) 叶尖的形状

c) 叶基的形状

图 1—14 叶的形态特征

回羽状复叶，如红绒球、幌伞枫等，如图 1—16 所示。

掌状复叶的小叶，集生于总叶柄顶端，排列如手掌上的指，如鹅掌柴、棕竹等。

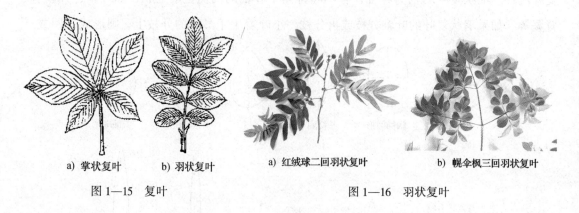

a) 掌状复叶　　b) 羽状复叶

图 1—15 复叶

a) 红绒球二回羽状复叶　　b) 幌伞枫三回羽状复叶

图 1—16 羽状复叶

3. 叶序

叶序是指叶在茎或枝条上排列的方式，主要有下列几种。

互生：每个节上只着生 1 片叶，通常呈螺旋状排列在茎上，如四季海棠（见图 1—17）、九里香等。

对生：每节上相对着生 2 片叶，如龙船花（见图 1—18）、桂花等。在对生叶序中，下 1 节的对生叶常与上 1 节的叶交叉成垂直方向，这样 2 个节的叶片避免相互遮蔽。

图 1—17　四季海棠的叶互生

图 1—18　龙船花的叶对生

轮生：3 个或 3 个以上的叶着生在 1 个节上，排成轮状，如夹竹桃（见图 1—19）、百合等。

莲座状：指叶丛从根颈或一中心点作辐射状生长，节间极短，或各有叶柄（如非洲紫罗兰），或每个叶的基部紧密地靠在一起呈螺旋状，叶的先端向四周伸展，有如 1 朵盛开的莲花，如石莲花、观音莲、龙舌兰、观赏凤梨等，这种排列方式叫作莲座状，形成的叶丛叫莲座叶丛。如图 1—20 所示为观音莲的莲座叶丛。

图 1—19　夹竹桃的叶轮生

图 1—20　观音莲的莲座叶丛

五、花

1. 花朵的结构

典型的花由花梗、花托、花萼、花冠、雄蕊群和雌蕊群 6 部分组成（见图 1—21）。花梗又叫花柄，果实成熟时成为果柄。花托是花梗顶端略为膨大的部分。花萼是花朵的最外 1 轮，由若干萼片组成，常呈绿色。

花冠位于花萼的内轮，通常可分裂成片状，称为花瓣。花冠常有一种乃至多种颜色。不同植物花瓣的大小和形状不同。由于花瓣的离合、花冠筒的长短、花冠裂片的形状和深浅等不同，形成各种类型的花冠，如筒状、漏斗状、钟状、轮状、唇形、舌状、蝶形、十字形等。

不同植物花瓣的层数也有不同。只有 1 层花瓣的花称为单瓣花；最少具有 2 层完整花瓣的称为重瓣花；花瓣超过 1 层但又不及 2 层的称为半重瓣花。

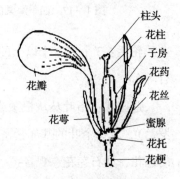

图 1—21　典型花朵的结构

一朵花内所有的雄蕊总称为雄蕊群。雄蕊着生在花冠的内方，每个雄蕊由花药和花丝两部分组成。一朵花内所有的雌蕊总称为雌蕊群。多数植物只有 1 个雌蕊。雌蕊位于花朵的中心，通常包括柱头、花柱和子房三个部分。

2. 花单生与花序

1 个花茎上只有 1 朵花时，称花单生或单生花。1 个花茎上不止 1 朵花时，其各朵花在花轴上的排列情况，称为花序。常见的花序有总状花序、穗状花序、肉穗花序、圆锥花序、伞房花序、伞形花序、头状花序、聚伞花序等。

要特别注意的是，我们通常所说的 1 朵菊花、1 朵向日葵等，在植物学上它们实际上是属于 1 个花序，其花轴极度缩短，膨大成扁形，花朵无梗，很小而多，集生于 1 个花托上，形成头状。如图 1—22 所示为菊花的头状花序。又如所谓的 1 朵红掌、1 朵白掌等，在植物学上是 1 个肉穗花序或佛焰花序，其花轴是肥厚肉质的，上生多数单性无柄小花，在肉穗花序下有 1 大片的苞片，称为佛焰苞，如图 1—23 所示。

图 1—22　菊花的头状花序

图 1—23　红掌的佛焰苞

六、果实

通常当植物开花后就会结果，种子包在果实之中。幼嫩的果实呈深绿色，成熟的果实有各种鲜艳的颜色。

常见的果实有肉质果、干果等。肉质果肉质多汁，又可分为浆果、瓠果、核果等。干果成熟时果皮干燥，又分为荚果、蓇葖果、角果、蒴果、瘦果等。

模块二　花卉的分类

花卉的名称有普通名与学名两种。普通名在中国又称为中文名或者俗名，如菊花、月季等。在英语国家，称之为英文名，此外还有俄文名、德文名等。普通名存在着同物异名和同名异物的缺点，给花卉的识别、利用、交流、贸易等带来了不便和障碍，易引起混淆。例如像大红花这种花，中文名的别名还有扶桑、佛桑、佛槿、朱槿、赤槿、花上花等；而被称为"白头翁"的植物，竟然有十几种之多。

目前全世界统一使用的植物名称是学名，又叫拉丁名，是由两个或多个拉丁字所组成的。任何一种植物，都只有一个学名，所以一般不会搞错。

花卉种类成千上万，为了利于认识、区分、研究、利用和改造它们，就必须对它们进行分类。由于依据不同，花卉的分类方法有许多种。

一、植物学上的分类

植物学的分类就是根据植物的亲疏程度来进行分类。所有的植物都归入植物界，下面依次分为门、纲、目、科、属、种。对于野生的植物，如果在种内的某些个体之间又有显著的差异时，可视差异的大小进一步再细分，其中变种是最常见的。例如水仙花就是属于变种。

野生的植物经过人们驯化之后，就可大量进行人工栽培利用。人们在栽培这些植物的同时，也利用杂交育种、基因工程育种、太空育种等手段，培育出了许多在特征、特性方面与原来野生种存在着不同的类型。另外，野生植物在人工栽培当中，也可能在某个性状上发生变异，人们把有变异性状的植株通过繁殖保存下来。

人们培育出来的以及在人工栽培中变异而来的这些植株类型，在自然界是不可能形成的，人们把它们特称为栽培品种，简称为品种，如月季品种'金奖章'、墨兰品种'银拖'等。目前有许多花卉都培育出了成千上万个品种，例如郁金香有 8 000 多个品种，月季有

2 万个以上的品种，菊花有 2 万~2.5 万个品种等。

二、根据生态习性来分类

根据茎的性质不同，可将植物分为草本和木本两大类。草本植物的茎含有木质部较少，水分含量较多，比较柔软，容易折断，通常又有一二年生和多年生之分。木本植物的茎含有木质部较多，一般比较坚硬，植株呈多年生长，寿命长，又可分为乔木和灌木两种。

在花卉园艺学上，根据生态习性不同，通常把花卉分为下列 4 大类。

1. 一二年生草花（一二年生草本花卉）

一二年生草花可以再细分为一年生草花与二年生草花。一年生草花是指从种子播种开始，一直到植株开花结果然后枯死，整个生活周期在本年内完成的。一年生花卉通常在春天播种，故又称为春播花卉，当年入冬前整个植株就会枯死。

二年生草花则指其整个生活周期在两个年份内完成，即第一年播种发芽生长，在第二年才开花结实然后枯死。二年生花卉一般在秋季播种，又称为秋播花卉，通常到第二年春天开花，入夏前整个植株就枯死了。

2. 宿根草花（宿根草本花卉）

个体寿命超过两年，能多次开花结果的草本花卉称为多年生草本花卉。根据其地下部的形态变化，又可分为球根草花和宿根草花两大类。相对于球根草花来说，宿根草花的地下部分形态正常，不发生变态。

宿根草花的地上部在冬季有可能出现两种情况：第一，不枯死，如绿萝、红掌、兰花等，这一类又常称为常绿性宿根草花；第二，枯死，但在地表处形成丛芽处于生长停滞状态，或者只留下休眠芽，如菊花、芍药等，这类又常称为落叶或休眠性宿根草花。

有些宿根草花，如石竹、荷包花等，在栽培时常作为一二年生来栽培或处理。就是说这些花卉可种植多年，而且每年都会开花，但是实际上我们只让它第一次开花观赏完后就把它扔掉，如果第二年还需要这种花，就再重新播种繁殖。

3. 球根花卉（球根草花、球根草本花卉）

具有根茎、块茎、鳞茎、球茎（这 4 种属于地下茎的变态）和块根（根的变态）的花卉，统称为球根花卉。球根花卉通常在夏季或冬季地上部分枯死，根系也枯死，只剩下地下的肥大部分，统称为球根。

球根花卉根据栽植期的不同，可分为春植球根和秋植球根两种类型。

4. 木本花卉（花木）

木本花卉分为乔木和灌木两大类。乔木植株在地面和最低的分枝间有一根或少数几根明显的干（主干），植株高大，树冠（植株上面长叶的部分称为树冠）具有一定的形态。按照习性的不同，又可分为常绿树和落叶树两种。

灌木植株没有明显的主干，由地面处或基部分生出多数枝干，各枝干大小差不多，树冠不定型，植株较矮小或矮小。灌木也有常绿和落叶之分。

三、根据原产根的生长分布特性进行分类

1. 陆生花卉（地生花卉）

陆生花卉的根生长在土壤中，从土壤中吸收水分和营养，绝大部分花卉属于这一类。

2. 附生花卉（着生花卉）

附生花卉的根不生长在土中，而是暴露于空气中，攀附在树干、岩石等支承物体上，从大气或所处的缝隙中吸收水分和营养，如蝴蝶兰、文心兰等。

3. 气生花卉（空气植物、空气草）

气生花卉的根很少甚至没有根，根主要起支持固定植株的作用，攀附在树干、岩石等支承物体上，由叶子上特殊的小鳞片来吸收大气中的水分和营养为生。气生花卉仅存在于凤梨科铁兰属的植物中，故又称为空气凤梨、空气铁兰、气生铁兰等。

4. 水生花卉

水生花卉的根系完全生长在水中。

四、其他分类方法

按照自然地域分布进行分类，可把花卉分为热带花卉、温带花卉、寒带花卉、高山花卉、水生花卉、岩生花卉、沙漠植物等；按照观赏的主要部位不同，可分为观花类花卉、

观叶类花卉、观果类花卉、观茎类花卉、观芽类花卉和观根类花卉；按照市场上交易的产品类型来分类，可分为盆花、切花、球根、种子和苗木；按照自然开花季节不同，可分为春花类花卉、夏花类花卉、秋花类花卉和冬花类花卉等。

模块三　常见花卉 100 种

我国植物资源丰富，可应用于园林的以及在生产上栽培的花卉种类品种相当多，这里只选择常见的且用途较广泛的 100 种花卉进行介绍。

1. 发财树（彩图 1）

科属：木棉科，瓜栗属

学名：*Pachira macrocarpa*

别名：马拉巴栗、瓜栗、中美木棉

常绿乔木，原产墨西哥和哥斯达黎加。树高可达 10 多米，树干挺拔，树皮青翠，上细下粗，基部肥大。掌状复叶互生，叶色浓绿；小叶 5~9 枚，长椭圆形。花单生于叶腋，花朵大，花瓣条裂，淡黄色。一般 4—5 月开花，9—10 月果熟。果实卵状椭圆形，内有 10~20 粒大粒种子，四棱状楔形，浅褐色，炒出来像花生一样好吃。以观叶和茎为主，可作为园林植物及盆栽。播种苗可进行人工编辫，很多盆栽产品是编成 3 辫或 5 辫的。

2. '黄金'香柳（彩图 2）

科属：桃金娘科，白千层属

学名：*Melaleuca bracteata* 'Revolution Gold'

别名：'黄金'宝树、'黄金'串钱柳、'金叶'千层金、'金叶'白千层

常绿乔木，株高可达 5~8 m，主干直，细枝多而柔软，嫩枝紫红色。树冠锥形。叶无叶柄，在细枝上旋转互生，线状披针形，长 1~2 cm，宽约 2 mm。叶片内含有香油，能够释放出芳香气味，晚上香味更是怡人，揉叶芳香更浓。叶色呈金黄或鹅黄色，老叶黄绿色。花期秋季。花小，白色，2~3 朵腋生于细枝近末端。多组小花呈穗状排列，整体形如袖珍

的"小瓶刷"。以观叶为主，适合作园林植物及盆栽。

3. 幌伞枫（彩图3）

科属：五加科，幌伞枫属

学名：*Heteropanax fragrans*

别名：罗伞枫、大蛇药、五加通

常绿乔木，原产我国云南、广东、海南、广西等地。株高可达30 m，叶主要集中在茎干顶部。树冠近球形，树皮淡褐色。3~5回羽状复叶，长可达1 m多，小叶椭圆形，长5.5~13 cm。伞形花序，花小，黄色。果扁球形。以观叶和茎为主，适合作园林植物及盆栽。

4. 橡胶榕（彩图4）

科属：桑科，榕属

学名：*Ficus elastica*

别名：印度橡胶榕、缅榕、橡皮树、印度胶树、缅树

常绿乔木，株高可达30 m，枝干易生气生根，体内富含乳汁。叶互生，叶片宽大，浓绿色，椭圆形或长卵形，先端突尖，厚革质，全缘，中脉明显。新芽红或粉红色。隐花果长椭圆形，熟果紫黑色。有很多叶色变化的园艺品种，其中有乳白、乳黄斑纹和斑点镶嵌的这一类特称为花叶橡胶榕，观赏价值极高，如'黑金刚''花金刚''红关公'等品种。以观叶为主，适合作园林植物及盆栽。

5. 福禄桐（彩图5）

科属：五加科，南洋参属

学名：*Polyscias* spp.

别名：南洋森

福禄桐是南洋森属植物的总称。该属原产美洲热带、亚洲、太平洋诸岛，约有80余个种，还有不少品种。为常绿小乔木或灌木。多分枝，枝条细软，茎枝表面密布明显的皮孔。单叶或复叶。叶多为1~3回奇数羽状复叶，小叶数3~4对，托叶与叶柄基部合生，叶色嫩绿、光亮，叶缘有波状、锯齿状或浅至深裂。因种类品种不同，其叶形、叶色和叶片上的斑纹常有较大变化。常见的有羽叶福禄桐、圆叶福禄桐、蕨叶福禄桐、皱叶福禄桐、五叶

福禄桐、栎叶福禄桐等。以观叶为主，适合作园林植物及盆栽。

6. 杜鹃花（彩图 6）

科属：杜鹃花科，杜鹃花属

学名：*Rhododendron* spp.

杜鹃花是指杜鹃花属植物的泛称，主产我国。种类繁多，形态特征差异悬殊。常绿或落叶乔木或灌木。枝和叶有毛或无。叶互生，常簇生枝端，多近矩圆形；革质或纸质，常绿、半常绿或落叶。花常多朵组成顶生总状伞形花序，偶有单生或簇生，先叶开花或后于叶；花冠显著，辐射状、漏斗形、钟形、碟形至碗形或管形；花色丰富多彩，有红、紫红、粉红、白、黄等。此外，人们还培育出了许多杂交品种。以观花为主，目前毛杜鹃（又称锦绣杜鹃，*R. pulchrum*）在华南地区作园林植物最普遍，盆栽观赏的多是由西方国家杂交培育出来的品种，称为西洋杜鹃或比利时杜鹃。

7. 遍地黄金（彩图 7）

科属：豆科，落花生属

学名：*Arachis duranensis*

别名：蔓花生、假花生、（巴西）花生藤、杜兰落花生、长啄花生

多年生宿根常绿草本，原产亚洲热带及南美洲。茎蔓性匍匐生长，株高约 10~15 cm。须根多，均有根瘤。复叶互生，小叶 2 对，倒卵形，长 1.5~3 cm，宽 1~2 cm，晚上约 7 时后会闭合。小花腋生，蝶形，金黄色，花期春季至秋季。花后结长桃形荚果。遍地黄金是良好的地被植物，观花价值高。

8. 茶花（彩图 8）

科属：山茶科，山茶属

学名：*Camellia japonica*

别名：山茶花、川茶花、耐冬、曼陀罗树

常绿灌木或小乔木，原产我国。叶革质，互生，呈卵形、椭圆形至倒卵形，有细锯齿，表面暗绿，有光泽，叶面向上拱起，叶缘、叶端常有向下反曲状。花单生或 2~3 朵着生于枝梢顶端或叶腋间。品种很多，花有单瓣、半重瓣或重瓣之分，花的颜色有红、白、黄、

紫等。花期也因品种不同而异，从10月至翌年4月间都有花开放。蒴果，球形或有棱。但大多数重瓣花品种不能结果。以观花为主，适合作园林植物及盆栽。

9. 簕杜鹃（彩图9）

科属：紫茉莉科，叶子花属

学名：*Bougainvillea spectabilis*

别名：三角梅、叶子花、九重葛、宝巾（花）、毛宝巾、三角花、刺仔花

常绿攀缘灌木，原产南美。枝叶生长茂盛，株高可达5 m左右。枝条具刺或毛，叶互生或对生，心形或卵形。聚伞花序，顶生或腋出，常为3朵细小的管状花簇生，小花不显著，观赏的主要部分其实是花下大而有色彩的苞片，通常3枚合生，一般人以为是花瓣，故名三角梅、叶子花、三角花。杂交品种多，苞片有单瓣或重瓣，颜色有红、粉红、橙红、黄、白、紫、紫红等或单苞双色，有的叶片则为斑叶。花期因品种而异，全年均能见花，但大多数品种集中于10月至次年3月。以观花为主，广泛作园林植物及盆栽。

10. 紫薇（彩图10）

科属：千屈菜科，紫薇属

学名：*Lagerstroemia indica*

别名：百日红、满堂红、痒痒树

落叶灌木或小乔木，产于亚洲南部及澳洲北部。枝干多扭曲，树皮淡褐色，薄片状，剥落后树干特别光滑。单叶对生或近对生，椭圆形至倒卵状椭圆形，绿色，全缘。花期6—10月，圆锥花序顶生于当年生枝端，花径3~4 cm，花瓣6枚，边缘皱缩。花色有紫、红、淡红、紫红、白、桃红镶白边等。因为其开花时间长，故有"百日红"之称。蒴果椭圆状球形，径约1.2 cm，10—11月成熟。以观花为主，适合作园林植物及盆栽。另外近年从国外引进的矮紫薇，盆栽观赏价值更高。

11. 龙船花（彩图11）

科属：茜草科，龙船花属

学名：*Ixora chinensis*

别名：仙丹花、红绣球、山丹、百日红、英丹花

常绿灌木，株高可达 2 m。分枝多，小枝绿色至深褐色。叶对生，近无柄，倒卵形至矩圆状披针形，革质，有光泽，腹面深绿色，背面黄绿色。聚伞花序密聚成伞房状，球状，着生于枝条顶端，具红色分枝，每个分枝有小花 4~5 朵，花序直径 6~12 cm。花期全年，但以夏、秋较盛。花色原为红色，经改良后有红、橙红、粉红、黄、白、淡蓝等色。浆果近圆形，成熟时黑红色。同属常见的还有芬利桑龙船花、爪哇龙船花、王龙船花、超王龙船花、香龙船花等。以观花为主，适合作园林植物及盆栽。

12. 月季 (彩图 12)

科属：蔷薇科，蔷薇属

学名：*Rosa hybrida*

别名：现代月季、月季花

月季是现代月季的简称。一般人所说的"玫瑰"，实际上就是现代月季。现代月季是由蔷薇属植物通过反复的杂交而成，目前已经具有 2 万个品种以上的品种群。目前用于园林、切花、盆花等栽培观赏的都是这些品种，是世界著名的观花花卉。

常绿或落叶灌木，茎上长有尖硬的皮刺。奇数羽状复叶，互生，小叶一般为 3~7 片，卵圆形、椭圆形等，叶缘有锯齿。新发的嫩叶通常呈暗红或紫红色，成熟的叶绿色，有光泽。花着生于枝顶，单生或伞房花序，花瓣数因品种差异很大。花色有红、粉、橙、黄、白、紫等单色，以及双色、多种色、混色、条纹及花心异色。

13. 大花美人蕉 (彩图 13)

科属：美人蕉科，美人蕉属

学名：*Canna × generalis*

别名：美人蕉、红艳蕉

多年生球根草本花卉，地下具有横卧的肉质根状茎，地上茎肉质不分枝。株高 0.5~1 m，叶片阔椭圆形，绿色或紫红色，也有花叶的品种。茎叶生有白粉，叶柄鞘状。顶生总状花序，花大，花色有乳白、黄、粉红、橙、红等色或各色斑点。蒴果球形，具刺突起。花期5—11 月，果熟期 8—11 月。以观花为主，主要作园林植物。

14. 龟背竹 (彩图 14)

科属：天南星科，龟背竹属

学名：*Monstera deliciosa*

别名：蓬莱蕉、团龙竹

多年生藤本常绿植物，植株大型。茎似竹节，粗壮，茎长可达7~8 m。叶大奇特，叶中间长有椭圆形的孔洞，像龟背，故名龟背竹。圆柱形肉状花序，花色淡黄。浆果。花期4—6月，果熟期10—11月。其花果可以食用，果实的风味尤佳，味似菠萝。以观叶为主，适合作园林植物及盆栽。

15. 鸳鸯茉莉（彩图15）

科属：茄科，鸳鸯茉莉属

学名：*Brunfelsia acuminata*

别名：双色茉莉、二色茉莉、番茉莉

常绿小灌木，原产美洲热带地区。植株高70~150 cm，多分枝，茎深褐色，周皮纵裂。叶互生，长披针形，长约5~8 cm，宽1.7~2.5 cm，革质，腹面绿色，背面黄绿色，叶缘略波皱。花单生或2~3朵簇生于叶腋，芳香。花呈高脚碟状，花瓣5片，张开呈扁平状。花刚开放时呈蓝紫色，然后蓝紫色逐渐变淡，最后几乎变为白色。由于花开有先后，在1株上能同时见到蓝紫色和白色的花，因此得名。花期5—6月和10—11月。以观花和叶为主，主要作为园林应用及盆栽。

16. 大红花（彩图16）

科属：锦葵科，木槿属

学名：*Hibiscus rosa-sinensis*

别名：扶桑、佛槿、朱槿

常绿灌木，茎直而多分枝，株高可达6 m。叶互生，阔卵形至狭卵形，叶缘有粗锯齿或缺刻。叶色绿，也有彩叶品种，如七彩大红花。花比较大型，花柄有下垂或直上两种，花单生于上部叶腋间，花的特色为有一长花丝筒于花中心长出。杂交品种多，有单瓣和重瓣，花色有红、白、黄、粉红、橙等色。花期全年，夏秋最盛。以观花为主，主要作为园林应用及盆栽。

17. 桂花（彩图17）

科属：木犀科，木犀属

学名：*Osmanthus fragrans*

别名：木犀、木樨、丹桂、金桂、岩桂、九里香

常绿阔叶乔木，原产我国西南部。植株分枝性强且分枝点低，特别在幼年尤为明显，因此常呈灌木状。密植或修剪后，则可成明显主干。叶对生，椭圆形、卵形至披针形，叶面光滑，革质，近轴面暗亮绿色，远轴面色较淡。花簇生叶腋生成聚伞状，花小，极芳香。

桂花有 30 多个栽培品种，我国习惯上将桂花分成 4 个品种类型：金桂、银桂、丹桂和四季桂。金桂品种群秋季开花，花柠檬黄淡至金黄色；银桂秋季开花，花色纯白、乳白、黄白色或淡黄色；丹桂秋季开花，花色较深，橙色、橙黄、橙红至朱红色；四季桂植株较矮而萌蘖较多，花香不及前 3 者浓郁，每年多次或连续不断开花，花柠檬黄或浅黄色。以观花为主，适合盆栽及园林应用。

18. '黄叶'假连翘（彩图 18）

科属：马鞭草科，假连翘属

学名：*Duranta erecta* 'Dwarf Yellow'

别名：金叶假连翘、黄金叶、金露花

常绿灌木，原产墨西哥至南美一带。株高 2~3 m，分枝多，小枝柔软而下垂。叶对生，阔披针形或长倒卵形，先端尖，全缘或锯齿缘，嫩叶金黄色。总状花序，顶生或腋生，下垂状，花冠筒状，淡蓝色，5 瓣。全年均能开花，夏秋季尤盛。核果球形，熟时金黄色，具宿存花萼。小果聚生成串，圆润晶莹，垂吊枝头，有如成串的金色露珠，因此得名金露花。但果实有毒，千万不可误食。主要作园林植物应用。

19. 灰莉（彩图 19）

科属：马钱科，灰莉属

学名：*Fagraea ceilanica*

别名：非洲茉莉、华灰莉、灰莉木

常绿灌木或小乔木，有时可呈攀缘状。小枝具明显叶痕。叶对生，较厚，革质，暗绿色，椭圆形或倒卵状椭圆形，长 5~10 cm，先端突尖，全缘侧脉不明显。夏季开花，花单生或为二歧聚伞花序，腋生；花冠高脚碟状，先端 5 裂，象牙白色，蜡质，有芳香。浆果

近球形，长约 3.5 cm。以观叶为主，主要作为园林应用及盆栽。

20. 苏铁（彩图 20）

科属：苏铁科，苏铁属

学名：*Cycas revoluta*

别名：铁树、凤尾蕉、凤尾松、避火蕉

常绿乔木。茎干圆柱形或块状，全形呈棕榈状，上有残存的叶柄。叶丛生茎端，为大形羽状叶，小羽片长条状，质坚硬，深绿色，有光泽，形似凤尾状。花雌雄异株，着生茎顶，雄花黄色，长圆柱形；雌花扁球状，密生褐色绒毛。种子卵圆形，微扁，熟时红色。除常见的苏铁外，还有其他多种苏铁，如华南苏铁、叉叶苏铁、南齿苏铁、宽叶苏铁、多歧苏铁等。以观茎和叶为主，适合作盆栽、盆景及园林应用。

21. 棕竹（彩图 21）

科属：棕榈科，棕竹属

学名：*Rhapis excelsa*

别名：观音棕竹、大叶棕竹、筋头竹、大叶拐仔竹、观音竹

因树干似棕榈，而叶如竹而得名。常绿灌木，原产我国的广东、广西、云南等地。成株高 2~3 m，茎圆柱形，有节，不分枝，外包有褐色网状粗纤维叶鞘。叶质硬挺，集生茎顶，掌状深裂；裂片 5~10 枚，条状披针形，有不规则齿缺，叶柄具齿刺。它还有一个花叶的品种，叫斑叶观音棕竹，观赏价值更高。棕竹属植物约有 20 种以上，常见栽培的还有细叶棕竹，裂片更细、数量更多。以观叶为主，适合作盆栽及园林应用。

22. 一叶兰（彩图 22）

科属：百合科，蜘蛛抱蛋属

学名：*Aspidistra elatior*

别名：蜘蛛抱蛋、箬兰、一叶青、苞米兰

多年生常绿宿根草本植物，原产我国南方。地下具有短而粗壮的根状茎，根状茎具节和鳞片。叶直接从根状茎上长出，单生，少有 2 枚丛生，质硬，翠绿色，矩圆状披针形，长 22~46 cm，宽 8~11 cm。叶柄粗壮、坚硬、挺直，长 5~35 cm。花梗短，长 0.5~2 cm。

花期春季，花单生，钟状，蒴果，球形。品种有叶片带黄色或白色斑点的金点一叶兰，有白色条纹的条斑一叶兰等，观赏价值更高。以观叶为主，适合作盆栽、切叶及园林应用。

23. 沿阶草（彩图 23）

科属：百合科，沿阶草属

学名：*Ophiopogon japonicus*

别名：小叶麦门冬、书带草、麦门冬、细叶麦冬、麦冬、玉龙草、龙须草

多年生常绿宿根草本植物，原产中国、日本、越南、印度等地。根系发达而较粗壮，根的顶端或中部常膨大成纺锤状肉质小块根。无茎，单叶丛生于基部，墨绿色，狭线形，上下表面不光滑，下表面多少带白粉状，叶片长 10~30 cm，宽 0.2~0.3 cm。花期 5—8 月，总状花序顶生，小花白色或淡紫色，浆果黑色。另有品种'短叶'沿阶草，特别低矮，叶只有 5~6 cm 长，簇生成圆团状。以观叶为主，广泛作地被植物，特别耐阴。

24. 肾蕨（彩图 24）

科属：骨碎补科，肾蕨属

学名：*Nephrolepis cordifolia*（*N. auriculata*）

别名：排骨草、蜈蚣草、圆羊齿、球蕨、篦子草、石黄皮

多年生常绿草本植物，我国南方诸省区都有野生分布。为中型地生或附生蕨，株高 30~80 cm。地下具根状茎，包括短而直立的茎、匍匐茎和球形块茎 3 种。直立茎的主轴向四周伸长形成匍匐茎，从匍匐茎的短枝上又形成许多块茎，叶子从块茎上长出。从主轴和根状茎上长出不定根。叶簇生，披针形，革质光滑，绿色；1 回羽状复叶，长 30~70 cm、宽 3~5 cm，羽片 40~80 对，紧密相接。初生的小复叶呈抱拳状，具有银白色的茸毛，展开后茸毛消失。以观叶为主，适合作盆栽、切叶及园林应用。

25. 胡椒木（彩图 25）

科属：芸香科，花椒属

学名：*Zanthoxylum piperitum*

别名：清香木、山椒、黑胡椒、一摸香

常绿灌木。奇数羽状复叶，叶基有短刺 2 枚，叶轴有狭翼；小叶对生，倒卵形，长

0.7~1 cm，革质，叶面浓绿色，富有光泽，全叶密生腺体，能够散发出胡椒的香味。雌雄异株，雄花黄色，雌花红橙色，子房 3~4 个。果实椭圆形，绿褐色。以观叶为主，适合作为盆栽及园林应用。

26. 大叶伞（彩图 26）

科属：五加科，澳洲鸭脚木属

学名：*Schefflera actinophylla*

别名：伞树、澳洲鸭脚木、昆士兰伞木、发财树

常绿乔木，原产澳大利亚和新几内亚岛。株高可达 30 m，盆栽约 1~2 m。大型掌状复叶，小叶 3~16 枚，植株幼时为 3~5 枚，成长后增多。小叶长椭圆形，先端突尖，革质，深绿色，有光泽，叶背淡绿色，基部具红褐色小叶柄。伞状花序，顶生小花，白色，花期春季。以观叶为主，适合作为盆栽及园林应用。

27. 垂榕（彩图 27）

科属：桑科，榕属

学名：*Ficus benjamina*

别名：垂叶榕

常绿乔木，体内有乳汁，枝干上易生气根。树干直立，灰色，分枝多，小枝弯，全株光滑。叶互生，椭圆形下垂状，叶缘微波状，先端尖，基部圆形或钝形。叶片革质，浓绿色，富有光泽。常见品种有'斑叶'垂榕，叶面有黄绿相杂的斑纹；花叶垂榕，叶卵形，叶脉及叶缘具不规则的黄色斑块；'黄金'垂榕，新叶金黄色至黄绿色，色泽明艳。以观叶为主，主要作为园林应用及盆栽。

28. 硬枝黄蝉（彩图 28）

科属：夹竹桃科，黄蝉属

学名：*Allemanda neriifolia*

别名：小花黄蝉、黄蝉

常绿直立灌木，具乳汁，有毒。枝条灰白色，叶 3~5 枚轮生或 2 枚对生，椭圆形或倒卵状长圆形，长 6~12 cm，全缘。花期通常在夏季至秋季。聚伞花序生于枝顶或叶腋，花

梗被秕糠状小柔毛；花朵喇叭形，花冠 5 瓣，橙黄色，内面具红褐色条纹，花冠直径 3~4 cm，花冠筒长不超过 2 cm，基部膨大，裂片左旋。蒴果，球形，具长刺，冬季成熟。以观花为主，主要作为园林应用及盆栽。

另有相近的种叫软枝黄蝉（*A. cathartica*），常绿蔓性藤本。叶 3~4 片轮生，倒卵状披针型或长椭圆型。聚伞花序腋生；花朵比硬枝黄蝉大，花冠漏斗型，5 裂，裂片卵圆形，金黄色；冠筒细长，喉部橙褐色。主要作园林应用。

29. 马缨丹（彩图 29）

科属：马鞭草科，马缨丹属

学名：*Lantana camara*

别名：五色梅、山大丹、臭草

蔓性常绿矮生灌木。茎枝方柱形，有短而下弯的细刺。叶具臭味，绿色，椭圆或卵圆形，对生或轮生，表面凹凸不平，边缘有小锯齿。从叶腋中抽出约 5 cm 长的花茎，顶生径约 5 cm 的头状花序，小花密集。目前栽培的都是杂交矮品种，花色有黄、橙黄、红、粉红、白等。无论花是什么颜色，通常逐渐变成较深色，所以 1 个花序上会有两三种相近颜色的花。开花时间长，可从春季一直开到秋季，在华南地区甚至全年开花。以观花为主，主要作为园林应用及盆栽。

30. 米仔兰（彩图 30）

科属：楝科，米仔兰属

学名：*Aglaia odorata*

别名：米兰、树兰、珠兰、珍珠兰

常绿灌木或小乔木，我国南方有分布。分枝多，树冠整齐，小枝顶部常被细小、褐色星状鳞片，老熟时随即脱落。奇数羽状复叶，互生，叶柄上有极狭的翅；小叶有 3~7 片，倒卵形至长椭圆形，叶脉明显，先端钝，全缘，深绿色，有光泽。圆锥花序着生于新枝顶端叶腋，每支花序有 70~100 朵黄色小花。花很小，长圆形或近圆形，直径约 2 cm，黄色，有浓郁的香气。花期 5—10 月，能连续多次开花。浆果，卵形或球形，有星状鳞片。以观花和叶为主，主要作为园林应用及盆栽。

31. 九里香（彩图31）

科属：芸香科，九里香属

学名：*Murraya paniculata*

别名：月橘、石辣椒、九秋香、九树香、七里香

常绿灌木或小乔木。茎直立，多分枝。奇数羽状复叶互生，小叶3~9枚，互生，卵形、匙状倒卵形或近菱形，长约2~4 cm，宽1~2 cm，薄革质，全缘，浓绿色，有光泽，上表面有透明腺点，小叶柄短或近无柄。花期4—10月。聚伞花序顶生或近枝条顶端腋生，每花序有花数朵至18朵，小花钟形，花瓣5片，倒披针形或长椭圆形，长达2 cm，宽2~5 cm，覆瓦状排列，盛花时稍反折，白色，具有浓郁的芳香。浆果，卵形或长椭圆形，成熟时呈红色。以观花和叶为主，主要作为盆栽及园林应用。

32. 彩叶草（彩图32）

科属：唇形科，鞘蕊花属

学名：*Coleus blumei*

别名：老来少、五色草、五彩苏、锦紫苏、洋紫苏

多年生常绿草本植物。老株可长成亚灌木状，但株形难看，观赏价值低，故多作一二年生栽培。株高可达50~80 cm，栽培株多控制在30 cm以下。全株密披细毛，茎为四棱，基部木质化。单叶对生，卵圆形、长卵形或柳叶形，长可达15 cm，先端长渐尖，缘具细钝齿。顶生总状花序，花小，浅蓝色或浅紫色。目前栽培的都是杂交品种，品种相当多，叶色叶形变化大，叶上有淡黄、桃红、朱红、橙红、紫、白等不同的色彩与斑纹，按叶形不同又可分为大叶型、彩叶型、皱边型、柳叶型以及黄绿叶型。以观叶为主，主要作为盆栽及园林应用。

33. 细叶萼距花（彩图33）

科属：千屈菜科，萼距花属

学名：*Cuphea hyssopifolia*

别名：满天星

常绿小灌木。植株矮小，茎直立，分枝特别多而细密。叶子翠绿色，对生，小，披针

形，最长约 2 cm，宽 6 cm，在茎上密集生长。花小而多，盛花时布满花坛，状似繁星，故又名满天星。花单生叶腋，结构特别，花萼延伸为花冠状，高脚碟状，具 5 齿，齿间具退化的花瓣，花紫、淡紫、粉红或白色。开花期很长，可从春季一直开到秋季。以观花为主，主要作为盆栽及园林应用。

34. 变叶木（彩图 34）

科属：大戟科，变叶木属

学名：*Codiaeum variegatum*

别名：洒金榕

常绿灌木或小乔木。全株有乳状汁液，有毒。单叶互生，长 8~25 cm，厚革质，光滑，有柄。总状花序腋生，花期不定，花没有观赏价值。有相当多的品种，叶片大小、形状和颜色极富变化，叶形有线形、披针形、卵形、椭圆形、矩圆形、戟形等，全缘或分裂，扁或波浪状甚至螺旋状扭曲；叶色有绿、灰、红、淡红、深红、紫红、紫、橙、黄、黄红、褐等，而且在这些不同色彩的叶片上又往往点缀着千变万化的斑点和斑纹，犹如在锦缎上洒满了金点，因此得名。以观叶为主，主要作为盆栽及园林应用。

35. 四季橘（彩图 35）

科属：芸香科，柑橘属

学名：*Citrus microcarpa*

别名：季橘

常绿灌木，原产我国。树冠圆头形或卵圆形，树性直立，枝叶稠密，枝上叶腋处具短刺。叶椭圆形或卵形，新生叶淡绿色，老叶深绿色。四季能开花，但以春至夏季为盛。小花单朵或 2~3 朵顶生或腋生，白色，芳香。果实扁圆形，有的偏斜不正，顶端略凹入，成熟果橙或浓橙色。还有个变种叫花叶四季橘，叶片上分布有乳黄色斑块或斑纹，叶两边向内凹，有些果实的颜色也呈黄绿相间。四季橘是广东的特产观果盆花，主要用于春节观赏，故又称年橘。但年橘（类）不仅仅只是四季橘，还包括朱砂橘、金蛋果、金橘、代代橘等，主要作为盆栽观赏，植株大小不一。

36. 一品红（彩图 36）

科属：大戟科，大戟属

学名：*Euphorbia pulcherrima*

别名：圣诞花、圣诞红、圣诞树

常绿或半落叶灌木，原产墨西哥及热带非洲。茎叶含白色乳汁，有毒。杂交品种比较多，有高性和矮性之分，目前进行盆栽的都是矮性品种。叶片深绿色，卵状椭圆形至宽披针形。一品红主要观赏的部分并不是真正的花，而是有艳丽色彩的苞片。苞片与叶片的形状差不多，因品种不同，颜色有深红、粉红、黄、白等，还有苞片为卷团的品种。苞片变色时间因在圣诞节前后，因此得名。苞片观赏时间可维持2个多月之久。以观花为主，主要作为盆栽及园林应用。

37. 菊花（彩图37）

科属：菊科，菊属

学名：*Dendranthema × grandiflorum*

别名：菊、黄花、寿客

多年生宿根草本植物，品种极多。茎直立或半蔓性，表面具短柔毛，生长后期茎稍呈木质化。花后茎大都枯死，次年春下部再萌芽发新枝。单叶互生，绿色，卵形至长圆形，浅裂或深裂，叶缘有锯齿。平时被看作是一朵花的，实际上是一个头状花序。花的大小、花形和花色极富变化，花色有红、黄、白、紫、绿、橙、粉红、暗红、青铜等以及复色、间色。大多数品种开花时间在秋季。为世界著名的观花花卉，广泛作为盆栽和切花，低矮匍匐的品种适合作为地被植物。

38. 墨兰（彩图38）

科属：兰科，兰属

学名：*Cymbidium sinense*

别名：报岁兰、入岁兰

多年生常绿草本植物，原产我国南方。具有椭圆形的假鳞茎，叶生于假鳞茎上，通常4~5片，剑形，深绿色，具光泽。花茎挺立，通常高出叶面，长数十厘米，有花7~17朵，苞片小，基部有蜜腺；萼片披针形，淡褐色，有5条紫褐色的脉；花瓣短宽，唇瓣3裂不明显，先端下垂反卷。花期通常在1—3月，因为刚好在春节开花，故名报岁兰、入岁兰。

品种甚多，香气浓郁。以观花和叶为主，主要作为盆栽，目前以广东栽培最多。

39. 长寿花（彩图 39）

科属：景天科，伽蓝菜属

学名：*Kalanchoe blossfeldiana*

别名：寿星花、圣诞伽蓝菜、矮生伽蓝菜、红落地生根

多年生肉质草本植物。茎直立，株高 10～30 cm，株幅 15～30 cm。叶肉质，交互对生，长圆形，叶片上半部具圆齿或呈波状，下半部全缘；叶色深绿，有光泽，边缘略带红色。圆锥状聚伞花序，直立，单株有花序 6～7 个，着花 80～290 朵；小花高脚蝶状，花瓣 4 枚。品种多，花色有绯红、桃红、橙红、黄、橙黄、紫红、白等。花期 12 月至次年 4 月。以观花为主，主要用于盆栽。

40. 蝴蝶兰（彩图 40）

科属：兰科，蝴蝶兰属

学名：*Phalaenopsis* spp.

蝴蝶兰是指蝴蝶兰属植物的统称，原产亚洲，原生种约有 70 多种。多年生常绿附生型草本植物，目前栽培的多为杂交品种。茎很短而粗，茎的下部叶子间会长出白色而粗的气生根，盆土表面也常常布有比较多类似的根。叶片有数片，比较宽大，肉质肥厚，交互叠列，绿色。从叶腋间抽出 1 支细长的花茎，上面可开出多达 30 多朵像蝴蝶似的花朵，每朵花的观赏时间可长达 3 周。品种相当多，花色有白、黄、红、蓝、淡紫、橙赤等，还有的为双色或三色。以观花为主，适合作为盆栽和切花。

41. 红掌（彩图 41）

科属：天南星科，花烛属

学名：*Anthurium andraeanum*

别名：花烛、大叶花烛、安祖花、火鹤花、哥伦比亚花烛

多年生常绿草本植物，原产哥伦比亚。株高 30～70 cm，茎极短，容易长出气生根。叶柄坚硬细长叶片鲜绿色，长椭圆状心脏形。花梗长，通常高于叶片，顶生佛焰花序。佛焰苞阔心脏形，如一只伸开的手掌，表面有波皱，有红、桃红、朱红、白、绿、红底绿纹、

鹅黄色等色，肉穗花序金黄色。以观花为主，广泛作为盆栽和切花。

42. 非洲菊（彩图42）

科属：菊科，大丁草属

学名：*Gerbera jamesonii*

别名：扶郎花、灯盏花

多年生宿根常绿草本植物，株高15~30 cm。叶自根基上簇生而出，呈莲座丛状，具长柄。叶片匙形或矩圆状匙形，深裂、琴状羽裂或波状，叶背被白绒毛。头状花序长在1支长花茎顶端。杂交品种相当多，花形有单瓣、重瓣与半重瓣；花径有小、中和大轮之分；花色有红、粉红、玫瑰红、橙红、黄、金黄、白色等。开花时间很长，如果环境适合，一年四季都可开花。以观花为主，主要作为盆栽和切花。

43. 百合（彩图43）

科属：百合科，百合属

学名：*Lilium* spp.

别名：百合花

百合是百合属植物的统称，属多年生球根草本植物，地下具有肉质鳞茎。全球百合属植物约115个种，我国就占了55种。茎一般为圆柱形，绿色，无毛。叶呈螺旋状散生排列，少轮生，无叶柄或具短柄；叶形有披针形、矩圆状披针形和倒披针形、椭圆形或条形，叶全缘或有小乳头状突起。花大，单生、簇生或呈总状花序，有的具有芳香或浓香；花朵直立、下垂或平伸；花被片6枚，分2轮，离生，常有靠合而成钟形、喇叭形或碗形。目前栽培的多为杂交品种，有亚洲百合、麝香百合、香水百合、火百合、姬百合等品系，花色有白、黄、粉、红等多种。百合是世界著名的观花花卉，适合作为切花及盆栽。

44. 大丽花（彩图44）

科属：菊科，大丽花属

学名：*Dahlia pinnata*

别名：大理花、大丽菊、天竺牡丹

多年生球根草本植物，地下部分具有粗大、纺锤状的肉质块根。目前栽培的多为杂交品种，数量成千上万。茎直立，有分枝，株高因品种不同而有较大差别。叶对生，1~3 回羽状深裂，裂片卵形，极少数为不裂的单叶，绿色。头状花序顶生于花茎顶。按照花形来分有多达 16 种，花色几乎任何色彩都有。花后地上部分会死亡，剩下块根休眠。休眠过后在块根顶部再萌发新芽成枝。以观花为主，矮性品种适合盆栽，高性品种主要作为切花。

45. 鸡冠花（彩图 45）

科属：苋科，青葙属

学名：*Celosia cristata*

别名：鸡冠、鸡冠头、红鸡冠、鸡公花

一年生草本植物，原产亚洲热带。茎直立、粗壮。叶互生，叶片卵形、卵状披针形或线状披针形，绿色。肉质穗状花序长在茎顶端，扁平似鸡冠，因此得名。杂交品种多，花色除了红色之外，还有紫红、黄、白、橙等以及复色，也有 1 株上有多花序的品种。另外，还有常见的一类称为凤尾鸡冠（或芦花鸡冠、笔鸡冠），穗状花序聚集成三角形的圆锥花序，呈羽毛状，杂交品种也多，色彩有各种深浅不同的黄色或红色。以观花为主，主要作为盆栽及园林摆设。

46. 一串红（彩图 46）

科属：唇形科，鼠尾草属

学名：*Salvia splendens*

别名：爆竹红、墙下红、西洋红

多年生草本植物或亚灌木，常作为一年生栽培。矮生品种株高仅 20 cm 左右。茎四棱形，直立，光滑，绿色，生长后期呈紫红色，茎基部多木质化。叶对生，叶片卵形，先端尖，边缘有锯齿，绿色。总状花序顶生，遍被红色柔毛。小花 2~6 朵轮生，深红色。花萼钟状，与花冠同色。花冠唇形。从外观上看是在花茎上长出成串鲜红色的小花，像爆竹，因此得名。此外还有开白花（一串白）、紫花（一串紫）等变种。以观花为主，主要作为盆栽及园林摆设。

47. 太阳花（彩图 47）

科属：马齿苋科，马齿苋属

学名：*Portulaca grandiflora*

别名：半支莲、松叶牡丹、午时花、大花马齿苋

多年生肉质草本植物，株高仅 10~15 cm。茎细而圆，平卧或斜生，节上长有丛毛。绿色叶片肉质，圆柱形，长 1~2.5 cm。花长在枝条顶端，重瓣，紫红色，见阳光小花朵打开，早晚和阴天闭合，故有太阳花、午时花之名。此品种在我国广泛栽培。后来我国又引进另外一种类型，也叫作马齿牡丹，叶片更加宽大，花单瓣，花色多，有白、深、黄、红、紫等。蒴果成熟时盖裂，种子很小，棕黑色。以观花为主，适合作盆栽及园林应用。

48. 天竺葵（彩图 48）

科属：牻牛儿苗科，天竺葵属

学名：*Pelargonium hortorum*

别名：洋绣球、入腊红、洋葵

多年生草本植物，原产南非。全株被细毛，有特殊气味。茎粗、多汁，基部稍木质化，直立或半蔓性，分枝多。叶互生，圆形至肾形，叶缘浅裂，叶柄长，叶色有绿、黄绿、黑紫等以及斑叶。伞形花序，花簇生在花梗顶端；花朵有单瓣、重瓣之分，花色有白、粉红、红、橙红、深红等以及复色。花期长，可由初冬开始至初夏开花不断。以观花为主，主要作为盆栽及园林摆设。

49. 百日草（彩图 49）

科属：菊科，百日草属

学名：*Zinnia elegans*

别名：百日菊、步登高、步步高、秋罗

一年生草本植物。茎秆有毛，侧枝呈杈状分枝。叶对生，无柄，绿色，卵圆形至椭圆形，上被短刚毛。夏秋开花，头状花序单生枝顶。瘦果椭圆形，扁小。品种较为繁多，大体上可分为大花高茎型、中花中茎型和小花丛生型 3 类，花色有白、黄、红、粉、紫、绿、橙等。小花丛生型尤适合于盆栽，株高仅 20~40 cm，分枝多，每株着花的数量也多，但花序直径小，仅 3~5 cm。以观花为主，主要作为盆栽及园林摆设。

50. 万寿菊（彩图 50）

科属：菊科，万寿菊属

学名：*Tagetes erecta*

别名：臭芙蓉、蜂窝菊、万寿灯

一年生草本植物，茎粗壮直立。叶对生或互生，羽状复叶，小叶披针形，叶缘背面具油腺点，会发出臭味。头状花序，顶生在较长的花梗上。瘦果黑色，种子线形。杂交品种很多，矮性品种株高 20~30 cm，尤其适合阳台盆栽。花形分为单瓣、重瓣、托桂、绣球型等，花色以金黄为基调，有乳黄、柠檬黄、金黄、橙黄、橙色等。目前已培育出叶片没有臭味的品种。以观花为主，主要作为盆栽及园林摆设。

51. 长春花（彩图 51）

科属：夹竹桃科，长春花属

学名：*Catharanthus roseus*

别名：五瓣梅、日日新、日日春、四时花

原产南亚、非洲东南部及美洲热带地区，属多年生草本或亚灌木，常作一二年生栽培。茎直立，多分枝。叶对生，长椭圆状，叶柄短，全缘，两面光滑无毛，主脉白色明显。聚伞花序顶生。花玫瑰红色，花冠高脚蝶状，5 裂，花朵中心有深色洞眼。目前栽培的主要是杂交品种，花色有紫红、红、白等，也有白色红心的。在冬季温暖地区露地栽培，全年均可开花。以观花为主，适合盆栽及园林应用。

52. 虎尾兰（彩图 52）

科属：龙舌兰科，虎尾兰属

学名：*Sansevieria trifasciata*

别名：虎皮兰、千岁兰

多年生肉质草本植物。地下部具有粗韧的匍匐根状茎，叶从根状茎上长出，簇生，每簇有叶 8~15 片。叶肉质，剑形，硬革质，直立，基部稍呈沟状。叶面浅绿色，并具有深绿色层层如云状的横向斑纹。花淡绿色，排列成总状花序。最常见的品种是'金边'虎尾兰，两侧各有 1 条金黄色条带。此外还有矮生的品种，如'短叶'虎尾兰、'金边短叶'虎尾兰等。以观叶为主，适合作盆栽及园林应用。

53. 巴西铁（彩图 53）

科属：龙舌兰科，龙血树属

学名：*Dracaena fragrans*

别名：香龙血树、巴西木、巴西铁树、巴西千年木

常绿木本植物，原产美洲热带地区，株高可达 6 m 以上。与一般的铁树完全不同，它的叶片呈披针形，绿色或者有色彩条纹，如金黄色彩在边缘的叫'金边'巴西铁，色彩在中间的叫'金心'巴西铁。巴西铁粗大的茎干称为巴西棍或巴西铁柱，是由国外进口而来，把它们截成不同长短，再扦插让其生根发芽，之后把 3 根长短不同的植株再组合在一个花盆里。长出的苗也可切下，让其生根后再上盆栽种。截短的巴西棍也可进行水养。目前也有 1 株上长有多个茎干的类型，观赏价值更高。以观茎和叶为主，主要作为盆栽，也可用于园林上。

54. 富贵竹（彩图 54）

科属：百合科，龙血树属

学名：*Dracaena sanderiana*

别名：万年竹、绿叶竹蕉

常绿小乔木，原产加那利群岛及非洲和亚洲热带地区。茎干细而直立，叶长披针形。除了叶色浓绿色的品种之外，还有几个斑叶品种，如'金边'富贵竹：叶边缘为金黄色宽条斑，中央绿色；'银边'富贵竹：叶边缘为银白色宽条斑，中央绿色。

富贵竹的茎干可塑性强，可以利用栽培上的技术方法使茎干变成各种弯曲形状，称为"弯竹"；还可根据需要编织造型，如编织成网状的"富贵竹笼"等。用长短不一的茎干加工组合制成的多层"塔状"造型，则被称为"开运竹""富贵竹塔"。目前广东的湛江是我国富贵竹最大的生产、加工和出口基地。以观茎和叶为主，适合盆栽或直接进行水养。

55. 绿萝（彩图 55）

科属：天南星科，绿萝属

学名：*Scindapsus aureus*

别名：黄金葛、魔鬼藤

多年生常绿草本。茎肉质，呈蔓性，节上会长出气生根。叶互生，叶片呈广椭圆形或心形，表面坚韧有光泽，在深绿色的叶面上镶嵌着金黄色不规则的斑点或条纹。此外，绿萝还有几个大小和叶色不同的品种。以观叶为主，主要作一般盆栽、吊盆栽种和柱状盆栽。

56. 常春藤（彩图 56）

科属：五加科，常春藤属

学名：*Hedera hellx*

别名：洋长春藤

常春藤是具有木质茎的多年生常绿藤本植物，原产欧洲、亚洲和北非。枝蔓细弱而柔软，呈螺旋状生长，具气生根，能攀附在其他物体上。叶小、密集，互生，革质，深绿色，有长柄；营养枝上的叶片三角状卵形，全缘或 3 浅裂，花枝上的叶片卵形至菱形。总状花序，小花球形，浅黄色。核果球形，黑色。其变种和品种比较多，叶形变化大，许多在叶面上还有不同的斑纹镶嵌。常见的如彩叶常春藤、金心常春藤、银边常春藤、日本常春藤等。以观叶为主，主要作一般盆栽和吊盆栽种。

57. 合果芋（彩图 57）

科属：天南星科，合果芋属

学名：*Syngonium podophyllum*

别名：长柄合果芋、紫梗芋、箭叶芋、丝素藤

多年生蔓性常绿草本植物。茎绿色，幼叶为单叶，互生，箭形或戟形；老叶革质，微有光泽，叶形成 5~9 裂的掌状叶，中间一片叶大型，叶基裂片两侧常着生小型耳状叶片。初生叶色淡，老叶呈深绿色，且叶质加厚。佛焰苞浅绿或黄色。其品种 '白蝴蝶' （'White Butterfly'）是较早引进的品种，在广东冬季温暖地区还大量被用作地被植物。近几年我国从国外引进了一些新品种，如 '黄金'、'玛雅红'、'绿精灵'、'银蝴蝶'、'粉蝴蝶' 等。以观叶为主，适合作一般盆栽或吊盆栽种，也可作地被植物。

58. 春羽（彩图 58）

科属：天南星科，蔓绿绒属

学名：*Philodendron selloum*

别名：羽裂喜林芋、羽裂蔓绿绒

多年生常绿草本植物，原产巴西、巴拉圭等地。株高可达 1 m，茎粗壮直立，直径可达 10 cm，茎上有明显叶痕及电线状的气根。叶于茎顶向四方伸展，有长 40~50 cm 的叶

柄，叶身鲜浓有光泽，呈卵状心脏形，长可达 60 cm，宽及 40 cm，但一般盆栽的仅约一半大小，全叶羽状深裂，呈革质。实生苗幼年期的叶片较薄，呈三角形，随生长发育叶片逐渐变大，羽裂缺刻越多且越深。以观叶为主，主要在园林上应用，也可作大型盆栽。

59. 散尾葵（彩图 59）

科属：棕榈科，散尾葵属

学名：*Chrysalidocarpus lutescens*

别名：黄椰子、黄碟椰子、黄金椰子

丛生型常绿灌木或小乔木，原产马达加斯加。株高可达 5~8 m，基部分蘖较多。茎干光滑，黄绿色，幼嫩时被蜡粉，环状鞘痕明显，基部略膨大，似竹节。叶顶生而有向上性，羽状复叶全裂，长 40~150 cm，向外扩展呈拱形，绿色或淡绿色；小叶条状披针形，40~60 对，平滑细长，先端柔软；叶柄长，有细如胡麻斑点，基部叶鞘抱茎，黄色。雌雄异株，佛焰花序，花极小，黄绿色，有芳香，浆果。以观叶为主，适合作为大型盆栽、切叶及园林应用。

60. 吊兰（彩图 60）

科属：百合科，吊兰属

学名：*Chlorophytum comosum*

别名：钓兰、挂兰

多年生常绿宿根草本植物，地下根肉质肥厚。叶条形至条状披针形，基部抱茎，较坚硬，全缘，常达数十枚，绿色。匍匐茎自叶丛中抽出，弯垂，其上着生花茎，顶生总状花序，白花，花小成簇。花期 6—8 月。有多个变种和品种，常见的有'金心'吊兰、'金边'吊兰、'银边'吊兰等。以观叶为主，主要作为一般盆栽和吊盆栽种。

61. 芙蓉（彩图 61）

科属：锦葵科，木槿属

学名：*Hibiscus mutabilis*

别名：芙蓉花、木芙蓉、拒霜花、三变花、木莲、地芙蓉、旱芙蓉

落叶乔木或灌木，原产我国。在冬季较冷地区，秋末嫩枝会枯萎，来年由宿根再发枝

芽,丛生,株高仅约 1 m;而在冬季气温较高之处,不枯萎,株高可达 7 m,且有径达 20 cm 者。枝干密生星状毛。大形叶,广卵形,呈 3~5 裂,裂片呈三角形,基部心形,叶缘具钝锯齿,两面被毛。花大,单生于枝端叶腋。品种有不少,单瓣或重瓣,花色有白、粉红、红、黄色等。花期从初夏花蕾渐生渐开至晚秋前后,各地因气候不同花期有差异。蒴果,球形。以观花为主,主要应用于园林上。

62. 铜钱草 (彩图 62)

科属:伞形科,天胡荽属

学名:*Hydrocotyle verticillata*

别名:钱币草、圆币草、轮叶石胡荽、香菇草、小香菇草

多年生水生草本植物。匍匐茎浮于水面,细长,节处生根。叶圆形盾状,从节上长出,具长柄,波浪缘。单伞形花序,腋生,不显著,夏秋开小小的黄绿色花。蒴果,近圆形。铜钱草常被应用于园林水景边,也普遍栽种于各种容器中供室内观赏。

63. 炮仗花 (彩图 63)

科属:紫葳科,炮仗花 (藤) 属

学名:*Pyrostegia venusta*

别名:炮仗红、黄金珊瑚、鞭炮花、炮仗藤、火焰藤、密蒙花、火把花

常绿蔓性藤本植物,原产巴西。植株蔓延扩展力强,枝条长可达 20 m 以上,茎上有三叉状卷须,可攀附其他物体生长。奇数羽状复叶,对生;小叶 2~3 片,卵形或卵状长椭圆形。圆锥花序,着生于侧枝顶端,每个花序有小花 15~20 朵,盛开时花多叶少;花萼钟状,花冠筒状,橙红色,裂片 5 枚。花序犹如成串炮仗,因此得名。花期冬至春季。蒴果,线形。炮仗花生性强健,生长迅速,观花价值高,在我国南方各地被普遍用于立体绿化美化。

64. 鸡蛋花 (彩图 64)

科属:夹竹桃科,鸡蛋花属

学名:*Plumeria* spp.

别名:缅栀子

鸡蛋花是指鸡蛋花属植物的总称。该属约有7种，原产于美洲热带地区，现广植于热带亚热带地区。我国目前种植最多是黄花鸡蛋花（*P. rubra* var. *acutifolia*），又称缅栀子、蛋黄花、印度素馨、番仔花等，落叶小乔木，高可达5~8 m，地径0.6~1 m。树冠广伞形，树枝肥厚多肉，有乳汁；单叶互生，多聚生于枝顶。花有浓郁芳香，数朵聚生于枝顶，花冠筒状或漏斗状，径5~6 cm；5片花瓣轮叠而生，叠瓦状排列，外面乳白色，中心鲜黄色，极似蛋白包裹着蛋黄，因此得名。花期5—10月。除了黄花鸡蛋花外，我国引进的还有花色为深红、红色、白色等种类品种。作为一种观赏价值很高的观花植物，鸡蛋花目前在我国南方园林中被广泛应用。

65. 睡莲（彩图65）

科属：睡莲科，睡莲属

学名：*Nymphaea tetragona*

别名：子午莲、水芹花

多年生水生球根花卉，具有粗短的地下根茎。叶丛生，具细长叶柄，浮于水面，近圆形或卵状椭圆形，上面浓绿，幼叶有褐色斑纹，下面暗紫色。花单生于细长的花柄顶端，多白色，漂浮于水。品种多，花色有红、粉、黄、白、紫、蓝等。聚合果，球形，内含多数椭圆形黑色小坚果。长江流域花期为5月中旬至9月，果期7—10月。睡莲观赏价值高，在园林中是重要的浮水花卉。

66. 荷花（彩图66）

科属：睡莲科，莲属

学名：*Nelumbo nucifera*

别名：莲花、水芙蓉、芙蕖、芙蓉、水芝、玉环、水华

多年生挺水植物，地下具有肥大多节的根状茎，横生于淤泥之中，通常称为"莲藕"。叶片大型，具有粗长的叶柄。叶片呈盾状圆形，全缘波状，叶面黄绿色至深绿色，具蜡质白粉。花单生，因品种不同，花瓣有单瓣、半重瓣、重瓣、重台和千瓣之分，花色有红、粉红、桃红、白、洒金等，花多晨开午闭。花期6—9月。花谢后，膨大的花托称为莲蓬，内生椭圆形的小坚果，称为莲子。在园林中广泛作为水面绿化、美化植物。

67. 鹤望兰（彩图 67）

科属：旅人蕉科，鹤望兰属

学名：*Strelitzia reginae*

别名：天堂鸟、极乐鸟

多年生常绿草本植物，原产南非。植株高 1~2 m，茎短缩不明显。叶基生，两侧排列，具长柄，质地坚硬。花梗从植株中部或叶腋中抽出，高于叶片，佛焰苞紫色，花萼橙黄，花瓣天蓝，色彩鲜亮。因其花形似仙鹤仰首远望，因此得名。花期自 9 月至次年 6 月。观花价值相当高，为世界五大名花之一，也有"鲜切花之王"的美誉，主要作为切花，在南方的园林中也有应用。

68. 龙吐珠（彩图 68）

科属：马鞭草科，赪桐属

学名：*Clerodendrum thomsonae*

别名：珍珠宝莲、麒麟吐珠

多年生常绿藤本植物，原产热带非洲西部。株高可达 2~5 m，茎四棱，枝条常柔弱下垂。叶对生，长圆形，长 6~10 cm。聚伞形花序腋生，萼白色较大，花冠上部深红色，花开时红色的花冠从白色的萼片中伸出。果肉质，种子较大，黑色。同属还有一个常见的种类叫作红花龙吐珠（美丽龙吐珠、红萼龙吐珠），为杂交种。龙吐珠在我国南方各地普遍盆栽，也可应用于园林中。

69. 木棉（彩图 69）

科属：木棉科，木棉属

学名：*Bombax ceiba*

别名：木棉花、木棉树、红棉、攀枝花、斑枝花

木棉的果实成熟时开裂，果皮内壁上附着许多白色的长绵毛，似棉花，因此得名。又因其花红如血，称为红棉。属落叶大乔木，株高可达 25 m。主干直立挺拔，枝条轮生，向四方水平方向伸长，树干上有明显的圆锥形瘤刺，幼树时更加明显。掌状复叶互生，叶柄很长；小叶 5~7 枚，长椭圆形至长椭圆状披针形。早春 2—3 月先叶开花，花簇生于枝端，

钟形花朵直径 10~12 cm；花瓣 5 枚，红色或橙红色，厚肉质，椭圆状倒卵形，长 8~10 cm，宽 3~4 cm，外弯，边缘内卷，两面均被星状柔毛。蒴果甚大，密被灰白色长柔毛和星状柔毛，成熟后会自动裂开，果皮内壁上长满了白色长绵毛。种子多，倒卵形，黑色，光滑，1 粒种子会附着 1 团长绵毛。随着果荚的开裂，一团团棉絮般的白色长绵毛随风飘扬，然后散落他处，如六月飘雪一般。在南方园林中主要作为风景树。

70. 红刺林投（彩图 70）

科属：露兜树科，露兜树属

学名：*Pandanus utilis*

别名：红刺露兜（树）、红林投、红章鱼树、麻露兜

常绿灌木或小乔木，原产马达加斯加。株高可达 4 m，叶丛生于茎的顶端。叶片呈螺旋状排列，剑状长披针形，长可超过 1 m，宽达 5~6 cm，叶色深绿，有光泽，叶缘及主脉背部具有红色锐钩刺，因此得名。其基部茎节处会着生许多粗壮的气生根，起支撑稳固植株的作用，状似章鱼须，故又称红章鱼树。雌雄异株，雄株开白花，具香味，花呈伞形状着生；雌株花顶生，穗状花序，无花被，白色佛焰苞。雌株结聚合果，外形远看似菠萝果，又称为假菠萝、大菠萝。红刺林投在南方冬季温暖地区主要应用于园林中。

71. 南天竹（彩图 71）

科属：小檗科，南天竹属

学名：*Nandina domestica*

别名：天竺、兰竹、南天竺、南天烛、蓝田竹、猫儿伞、小铁树

常绿灌木，原产我国长江流域及陕西、广西等地，日本和印度也有分布。因其枝干丛生，挺拔潇洒，风格如竹，故有其名。株高可达 2~3 m。茎干直立，少分枝，幼枝常呈红色，老茎为浅褐色。叶对生，二至三回羽状复叶，各级羽片全对生，最小的小羽片有小叶 3~5 片，其中 3 片的较多；小叶椭圆状披针形，薄革质，近无柄。圆锥花序顶生，长可达 20~35 cm；花小，白色，萼片和花瓣多轮。浆果球形，鲜红色，偶有黄色，内有扁圆形种子 2 个。花期 5—7 月，果期秋冬季。南天竹观叶、观果兼而有之，主要应用于园林中。

72. 石榴（彩图 72）

科属：石榴科，石榴属

学名：*Punica granatum*

别名：安石榴、甘石榴、丹若、海石榴、若榴

落叶灌木或小乔木，在热带、亚热带为常绿或部分落叶。树高可达 7 m，树冠自然开心形，分枝多，具小刺。叶呈长披针形，质厚，光亮，在长枝上对生，短枝上近簇生。一般 1 朵至数朵花着生在当年新梢顶端及顶端以下的叶腋间，花两性，有钟状花和筒状花之分。花瓣倒卵形，有单瓣花和重瓣花之分，重瓣品种花瓣数可多达数十枚。花色多为鲜红色，故有火石榴之称，也有白色、淡黄、粉红、有条纹等品种。春、夏和秋季均能开花，"六月榴花红似火"，以夏季开花最盛。浆果，球形，成熟时为鲜红、淡红、黄绿或白色。在园林中应用广泛，其中还有更适合作为盆栽的矮生品种。

73. 美丽异木棉（彩图 73）

科属：木棉科，异木棉属

学名：*Ceiba speciosa*

别名：丝木棉、美人树

半常绿或落叶乔木，原产南美热带地区，株高可达 10~18 m。树干直立、高大、纺锤形，密生圆锥状锐刺，侧枝轮生，平展，绿色至灰褐色，树冠伞形。掌状复叶，互生，小叶 5~9 枚，倒卵状披针形，长 6~14 cm，宽 2.5~5 cm，纸质，深绿色，叶缘细齿状。花单生或簇生于小枝端，花瓣 5 枚，长条状，长约 10 cm，宽 1.8 cm，淡紫红色，基部淡黄色，具黄色黏液，有香味。果实纺锤形。花期从 10 月底至 12 月上旬。为南方园林中的高级优良风景树种。

74. 文心兰（彩图 74）

科属：兰科，文心兰属

学名：*Oncidium* spp.

别名：舞女兰、跳舞兰、金蝶兰、瘤瓣兰

文心兰为文心兰属植物的统称，种类品种繁多，目前栽培的多为杂交品种。多年生常绿附生型草本植物，通常具有假鳞茎，每个假鳞茎上一般只长有 2 枚绿色叶片。开花时一般从假鳞茎基部抽出 1 支细长的花茎，上面会开出数量不等的小花朵，有的多达数百朵。

每朵花看起来好像是飞翔的金蝶，又似翩翩起舞的少女，因此得名。文心兰是一种著名的鲜切花，矮生品种则是很好的盆栽花卉。

75. 拖鞋兰（彩图75）

科属：兰科，兜兰属

学名：*Paphiopedilum* spp.

别名：兜兰、仙履兰

拖鞋兰为兜兰属植物的统称，原产于热带和亚热带地区，种类品种多，目前栽培的多为杂交品种。多年生常绿草本植物，大部分属于地生兰，有粗长的肉质根。无假鳞茎，茎极短。叶片革质，近基生，带形或长圆状披针形，绿色或带有红褐色斑纹。花葶从叶丛中抽出，顶生1朵形状奇特的花朵，上唇瓣呈兜状，很像拖鞋，因此得名，其颜色有黄、红、绿、白、紫、褐等并具有彩色斑点。花朵的背萼极发达，有各种艳丽的花纹。拖鞋兰是一种高档的室内小盆栽花卉。

76. 非洲紫罗兰（彩图76）

科属：苦苣苔科，非洲苦苣苔属

学名：*Saintpaulia ionantha*

别名：非洲堇、非洲苦苣苔

多年生草本植物，原产东非的热带地区。无茎，全株被毛。叶基部簇生，稍肉质，叶片圆形或卵圆形，背面带紫色，叶柄长，粗壮肉质。花1朵或数朵着生在有长柄的聚伞花序上；花有短筒，花冠2唇，裂片不相等，花色多样。蒴果，种子极细小。非洲紫罗兰是目前国内外十分流行的观花小盆栽。

77. 四季海棠（彩图77）

科属：秋海棠科，秋海棠属

学名：*Begonia semperflorens*

别名：四季秋海棠、瓜子海棠、玻璃海棠

多年生常绿草本，株高15~20 cm。地下有发达的须根，茎直立，稍肉质。叶卵圆至广卵圆形，基部斜生，叶缘有不规则缺刻，并着生细绒毛，具蜡质光泽。花顶生或腋出，开花期极长，几乎全年均能开花，但以秋末、冬和春三季较为盛开。目前栽培的都是杂交品种，品种繁多，叶色有绿色、紫红色等。花有单瓣和重瓣之分，花色有红、粉红、白等。四季海棠观花价值高，是室内外装饰的重要草花之一。

78. 文竹（彩图 78）

科属：百合科，天门冬属

学名：*Asparagus setaceus*

别名：云片竹、云片松、云竹

多年生蔓性亚灌木状常绿草本植物，茎光滑柔细，丛生。幼株的茎并不攀缘，成熟后才长出攀缘茎。叶退化成鳞片，主茎上的鳞片多呈刺状，淡褐色。腋内簇生绿色、线状而扁平的小枝，很像叶子，并行叶的作用，称为叶状枝。叶状枝纤细而簇生，呈三角形水平展开，羽毛或云片状；叶状枝每片有 6~13 枚小枝，小枝长 3~6 cm。主要作为室内盆栽观赏。

79. 金钱树（彩图 79）

科属：天南星科，雪铁芋属（美铁芋属）

学名：*Zamioculcas zamiifolia*

别名：金币树、雪铁芋、泽米叶天南星

多年生常绿草本植物，原产东非的坦桑尼亚，株高可达 80 cm。地下具有肥大的肉质块茎，直径 5~8 cm，地上部分无茎。羽状复叶大型，自块茎顶端抽生，每个叶轴有对生或近似对生的小叶 6~10 对。小叶卵形，厚革质，墨绿色，有金属光泽，其形状似铜钱而得名。佛焰花苞绿色，船形，肉穗花序较短。以观叶为主，广泛作为室内盆栽观赏。

80. 仙客来（彩图 80）

科属：报春花科，仙客来属

学名：*Cyclamen persicum*

别名：兔子花、兔耳花、一品冠

球根草本植物，地下具有扁圆球形或球形的肉质块茎。叶片由块茎顶部生出，心形、卵形或肾形，叶缘有细锯齿，叶面绿色，具有白色或灰色晕斑，叶背绿色或暗红色，叶柄红褐色，肉质。花单生于花茎顶部，花瓣蕾期先端下垂，开花时上翻，形似兔耳。花期冬春季。杂交品种相当多，有的品种还有芳香。花色有紫红、玫红、绯红、淡红、雪青、白色等，基部常具深红色斑。花瓣边缘多样，有全缘、缺刻、皱褶、波浪等。按花型还可分为大花型、平瓣型、洛可可型和皱边型。以观花为主，主要作为盆栽。

81. 虎刺梅（彩图 81）

科属：大戟科，大戟属

学名：*Euphorbia milii* var. *splendens*

别名：铁海棠、虎刺、麒麟刺、麒麟花、老虎簕

多刺直立或稍攀缘性小灌木，原产非洲马达加斯加岛西部。体内含白色有毒乳汁。分枝多，茎粗 1 cm 左右。茎枝有棱，棱沟浅，具黑刺，长约 2 cm。叶片长在新枝顶端，倒卵形，长 4~5 cm，宽约 2 cm，叶面光滑，绿色。花期四季，但以秋冬最盛。花有长柄，有 2 枚红色苞片，直径约 1 cm。国外还育出了黄色、橘色、粉红色、白色等品种。虎刺梅是一种观赏价值很高的小型盆花，也适合在南方冬季温暖地区园林上应用。

82. 蟹爪兰（彩图 82）

科属：仙人掌科，蟹爪兰属

学名：*Zygocactus truncatus*

别名：蟹爪莲、仙指花、蟹兰、圣诞仙人掌

多年生常绿肉质附生性植物，原产巴西热带雨林中。栽培的多为杂交品种，已有 200 个以上品种。老株基部常木质化。多分枝，绿色扁平的变态茎呈节状，茎节短，两端及边缘有尖齿 2~4 个，似螃蟹的爪子，没有叶片，变态茎常外弯形成悬挂状。花长在茎的顶端，往往会随茎而弯垂。在较长的花朵上，花瓣较多，张开后看起来像分层排列。因品种不同，花色有红、紫红、橙红、白、粉、金黄等。花期常在冬季。以观花为主，主要作为盆栽。

83. 沙漠玫瑰（彩图 83）

科属：夹竹桃科，沙漠玫瑰属

学名：*Adenium obesum*

别名：天宝花、矮性鸡蛋花

原产肯尼亚、坦桑尼亚、津巴布韦等地，为小灌木，在原产地多长成高约 2 m 的小乔木。茎粗，肉质化，茎基部略膨大，分枝短而肉质化，表皮淡绿色至灰黄色。叶互生在分枝顶端，有短柄，披针形，基部楔形，正面有光泽、深绿色，背面粗糙、淡绿色，叶长 3~10 cm，宽 1.8~3 cm。花 2~10 朵集成伞形花序，花筒长圆筒状。品种多，花色有深红、淡红、白、紫、红白相间、镶边等。沙漠玫瑰是一种观花价值很高、很受欢迎的多肉植物，主要作为盆栽。

84. 五彩石竹（彩图 84）

科属：石竹科，石竹属

学名：*Dianthus chinensis*

为宿根性不强的多年生草花，多作为一二年生栽培，原产中国。株高 10~20 cm，容易由茎的基部长出侧枝呈丛生状。茎直立，棱形，有明显的节。叶十字对生，为线状披针形，呈淡绿色或灰绿色。花多单生或双生于茎顶，花径 2~3 cm，花瓣 5 枚，边缘有不规则锯齿。品种多，花型有单瓣和重瓣之分，花色有淡紫、粉红、红、紫红、橙红、白、黄等或具有斑纹。通常花期可由冬至夏，集中于 4—5 月。蒴果，矩圆形，成熟时先端开裂。种子扁圆形，黑褐色。以观花为主，主要作为盆栽及园林摆设。

85. 金琥（彩图 85）

科属：仙人掌科，金琥属

学名：*Echinocactus grusonii*

别名：黄刺金琥、象牙球、金刺球、金桶球

金琥为仙人掌科球形类中的代表种，原产墨西哥沙漠地区。肉质变态茎呈圆球形，绿色，单生或成丛，球高可达 1.3 m，直径可达 80~100 cm。球顶密被黄色绵毛，有棱 21~37 条。刺座很大，密生硬刺，刺金黄色，后变褐，辐射刺 8~10 个，长约 3 cm；中刺 3~5 个，稍弯曲，长约 5 cm。花期 6—10 月。花生于球顶部绵毛丛中，钟形，直径 4~6 cm，黄色，花筒被尖鳞片。金琥还有白刺金琥、狂刺琥、短刺金琥、无刺金琥等变种，主要作盆栽观赏。

86. 芦荟（彩图 86）

科属：百合科，芦荟属

学名：*Aloe* spp.

芦荟是芦荟属植物的统称。多年生常绿肉质草本植物，种类超过 500 种。叶片肥厚，富含黏滑汁液，呈锥形的叶片一般排列成莲座状。有些种类有茎，有的则无，有的茎全部由叶子包住。有的种类叶缘有刺，有的无刺，有的带钩锯齿。花序为伞形、总状、穗状、圆锥形等，花瓣 6 片，花色呈红、黄色或具赤色斑点，花被基部多连合成筒状。常见的栽培种有中华芦荟、库拉索芦荟、木立芦荟、高尚芦荟、巴巴多斯芦荟、美国翠叶芦荟、蕃拉芦荟、翠叶芦荟、什锦芦荟、斑纹芦荟等。以观叶为主，主要作盆栽。

87. 花叶芋（彩图 87）

科属：天南星科，五彩芋属

学名：*Caladium biocolor*

别名：彩叶芋

春植球根花卉，地下有球状块茎。以观叶为主，是观叶植物中的珍品，在国外很流行。杂交品种繁多，叶型多样，从卵状心形至披针形皆有，大体分为 2 种不同的类型，一种为广叶型，大而略圆的叶为其特征；另一种为狭叶型，具狭长形的叶，叶较厚，较不易产生灼伤。花叶芋叶色变化多端，明显的主脉及明显的对比色等为其主要特征，主要由红色、白色和绿色三种主要色系组合变化成不同的斑纹或斑点。佛焰花序，观赏价值不大。主要作盆栽观叶，也可在园林上应用。

88. 冷水花（彩图 88）

科属：荨麻科，冷水花属

学名：*Pilea notata*

别名：白雪草、透白草

多年生草本或亚灌木。地下有横生的根状茎。地上茎丛生，多汁，半透明，上面有棱，节部膨大，多分枝。叶对生，叶片卵状椭圆形，先端尖，边缘有浅齿；叶脉部分比较明显，略下凹；叶柄短，半透明，基部有小托叶；叶面青绿色，上分布有银白色的斑块，斑纹部分凸起似蟹壳状，有光泽。聚伞花序，自叶腋间抽出。以观叶为主，主要作为盆栽及园林阴地地被植物。

89. 海芋（彩图89）

科属：天南星科，海芋属

学名：*Alocasia macrorrhiza*

别名：滴水观音、狼毒、野芋、老虎芋、姑婆芋

多年生常绿草本植物，株高可达 1.5 m。茎粗壮，皮黑褐色。具有粗的地下根茎，根茎上有节，常生不定芽。叶大，革质，着生于茎顶，阔卵形，绿色；叶柄粗壮，基部扩大而抱茎。花期 4—5 月，总花梗成对由叶鞘中抽出，佛焰苞黄绿色。海芋以观叶为主，主要作为盆栽及园林阴地地被植物，在热带和亚热带地区大量野生。植株有毒，应避免误食。

90. 酒瓶兰（彩图90）

科属：龙舌兰科，酒瓶兰属

学名：*Nolina recurvata*

别名：象腿树

常绿小乔木，株高可达 10 m，原产墨西哥西北部干旱地区。根肉质。茎干直立，基部膨大，状似酒瓶，老株上表皮会龟裂成小方块，状似龟甲。膨大茎干具有厚木栓层的树皮，呈灰白色或褐色。叶片簇生在茎干顶端，长条形，革质，绿色，长可达 1 m，宽 1~2 cm，向外弯曲成半圆形，全缘或具细齿。圆锥花序，小花白色。以观茎和叶为主，适合作盆栽及在园林上应用。

91. 山海带（彩图91）

科属：百合科，龙血树属

学名：*Dracaena cambodiana*

别名：龙血树

山海带原来是海南岛热带森林里的一种野生植物，经过驯化开发，现已成为国内一种流行的观叶植物。属常绿乔木，株高可达 10 m。茎直立，叶多而密，没有叶柄。老树因为下部叶片脱落，叶片集中在枝顶。叶片细长似剑，亮绿色，在全日照下比较硬而挺直。目

前商品盆栽都是进行遮阴种植，叶片更长更软。圆锥花序，花白色并带绿色。以观叶为主，适合作为盆栽及在园林上应用。

92. 大叶紫薇（彩图92）

科属：千屈菜科，紫薇属

学名：*Lagerstroemia speciosa*

别名：大花紫薇、洋紫薇

落叶乔木。干直立，树皮黑褐色，分枝多，枝开展，圆伞形。叶大，长10~70 cm，有短柄。单叶对生，椭圆形、长卵形至长椭圆形，长可达20 cm，先端锐，全缘。5—8月开花。圆锥花序顶生，花紫色，花形大，径5~7 cm，6片淡紫色花瓣，边缘呈不齐波状。蒴果，圆球形，径约2.5 cm，成熟时茶褐色，自裂成6片。大叶紫薇作为园林植物，观花价值高。

93. 绣球花（彩图93）

科属：忍冬科，荚蒾属

学名：*Viburnum macrocephalum*

别名：木绣球、八仙花、紫阳花、绣球荚蒾

落叶或半常绿灌木，原产于我国长江流域。枝条开展，树冠半球形。叶对生，叶片卵形至长椭圆形，背面有星状短柔毛，叶缘有细锯齿。春至夏季开花，花生于枝顶，伞形花序，数十朵花聚生成大球状。花色会受土壤的酸碱度影响，有碧蓝色、紫红、粉红、粉白等变化。不结实。以观花为主，主要作盆栽。

94. 广东万年青（彩图94）

科属：天南星科，亮丝草属

学名：*Aglaonema modestum*

别名：大叶万年青、万年青、亮丝草、粗肋草

多年生常绿草本植物，原产亚洲热带和亚热带林下沟谷中。成株高60~70 cm。茎直立不分枝，粗壮，节很明显。叶片互生，绿色，长卵形，先端渐尖；叶柄较长，茎部扩大成鞘状。肉穗状花序腋生，短于叶柄，观赏价值不大。以观叶为主，主要作为盆栽，也适合

作为园林阴地地被植物。

95. 猪笼草（彩图 95）

科属：猪笼草科，猪笼草属

学名：*Nepenthes* spp.

别名：猪仔龙、猪笼入水

猪笼草是指猪笼草科猪笼草属植物的总称。此属总共有 80 余种，分布于东半球热带地区。为半木质植物，直立、匍匐状或攀缘状。叶互生。花单性异株，小，排成总状花序或圆锥花序。蒴果。

猪笼草为著名的食虫植物之一。其叶片的中脉延长形成卷须，卷须的顶端扩大而成一囊状体——特称为捕虫囊，内可贮藏水分。因品种不同，囊的大小不一，颜色以绿色为主，有褐色或红色的斑点和条纹。在囊的入口处有许多蜜腺，在原产地有些昆虫被蜜腺或囊的美丽颜色所引诱而入此囊中，并跌落囊内分泌的液体中淹死，昆虫遗体腐烂分解形成的养料即可被囊所吸收利用。因囊的形状像猪笼，因此得名猪笼草。主要作为盆栽室内观赏。

96. 大花蕙兰（彩图 96）

科属：兰科，兰属

学名：*Cymbidium* spp.

别名：虎头兰、喜姆比兰、东亚兰、新美娘兰

大花蕙兰为兰属中原产热带高海拔地区的大型种类的总称，目前栽培的多为杂交品种。属于多年生常绿草本植物，具有粗壮、长椭圆形的假鳞茎。叶片从假鳞茎上长出，带形，外弯，绿色，革质，有光泽。花葶直立或下垂，有花 6~12 朵或更多。品种繁多，花色有白、黄、绿、紫红或带有紫褐色斑纹等。多在 2—3 月开花。大花蕙兰株型大，开花成串，花姿粗犷，目前在春节花市是最高档的盆花之一。

97. 空气凤梨（彩图 97）

科属：凤梨科，铁兰属

学名：*Tillandsia* spp.

别名：空气植物、空气铁兰、空气草

能够直接生长在空气中的植物，通常就是指空气凤梨，因为它们属于凤梨科中的铁兰属植物（该属另外一部分属于地生植物），所以又称为空气铁兰。空气凤梨属于附生植物，植株小型。叶窄而厚，叶数多，形成疏松的莲座状。根很少甚至没有根。在原产地，它们常长在大树、灌木、干枯的木头或树枝、岩石等上面。

空气凤梨线形叶上布满银白色茸毛状鳞片，水分和养分的吸收主要通过这些鳞片进行。因此，空气凤梨在栽培时可不需要盆和基质，完全暴露在空气当中就能够生长。例如，可直接放在或者用胶水固定在台面上，也可通过绑扎或者用胶水固定在树皮块、小装饰物、相框、木板等上面，作为摆设或墙饰。空气凤梨作为一类特别的、趣味性很强的观赏植物，花形和花色观赏价值相当大，在国外很受家庭养花爱好者的喜爱，近几年来在国内也开始流行起来。

空气凤梨种类品种多，叶色有绿、灰白、暗红等。花序为穗状花序或头形圆锥花序，有直立的，也有弯垂的，还有长在叶丛中不伸出的。花型有管状和喇叭形，花色有白、淡黄、淡绿、粉、红、蓝紫等。

98. 吊金钱（彩图98）

科属：萝摩科，吊灯花属

学名：*Ceropegia woodii*

别名：腺泉花、心心相印、可爱藤、鸽蔓花、爱之蔓、吊灯花

多年生肉质蔓性草本植物，原产于南非、马来西亚、印度等地。茎细软下垂，节间长2~8 cm。叶腋处常会生出圆形物，接触土面后会长出根。叶对生，心形，肥厚，叶面灰绿色，上面具有明显的白色叶脉。花通常2朵连生于同1个花柄，具花冠筒，粉红色或浅紫色，蕾期形似吊灯，盛开时貌似雨伞。除了作为一般盆栽外，吊金钱还特别适合用吊盆栽种。

99. 黄毛掌（彩图99）

科属：仙人掌科，仙人掌属

学名：*Opuntia microdasys*

别名：兔耳掌、金乌帽子

植株直立多分枝，灌木状，高可达 60~100 cm。茎节肉质较扁，呈较阔的椭圆形或广椭圆形，黄绿色。在刺座上密被金黄色的钩毛。夏季开花，花淡黄色，短漏斗形。浆果，圆形，红色，果肉白色。主要作为小盆栽，室内不易开花结果。黄毛掌有多个变种，如白毛掌，又名白桃扇，茎节较小且薄，钩毛银白色；浅色黄毛掌，茎节较大，钩毛浅黄色；金色黄毛掌，茎节圆或广椭圆形，钩毛金黄色；圆黄毛掌，茎节小而圆，且较厚；红毛掌，茎节小而厚，暗绿色，钩毛红褐色。黄毛掌是很好的小型盆栽植物。

100. 网纹草（彩图 100）

科属：爵床科，网纹草属

学名：*Fittonia verschaffeltii*

别名：白网纹草、费道花、银网草

多年生常绿草本植物，原产秘鲁。植株低矮，呈匍匐状蔓生，高 5~20 cm。茎枝、叶柄和花梗均密被茸毛。叶十字对生，卵形或椭圆形，绿色叶面上密布白色网脉。同属还有其他种类以及不少品种，植株和叶片大小不一，叶面及叶脉色彩多变，也可统称为网纹草。网纹草是目前国内外十分流行的室内观叶小型盆栽，也很适合用吊盆栽种。

第 **2** 单元
花卉种植的土壤与施肥

模块一　花卉种植的土壤

　　要种植好花卉，必须深入了解土壤科学，因为土壤条件对花卉生长有着十分重要的影响。土壤的作用是固定植株，以及提供水分、营养和空气供根系吸收利用。

　　土壤是由空气、水、有机质和矿物质组成的混合物，空气和水存在于后二者固体颗粒之间的孔隙中。通常固体颗粒约占土壤总体积的 50%，而矿物质占总体积的 38% 以上。简单来说，矿物质就是由岩石经过几百年或几千年风化过程而分解形成的大小不一的颗粒。

一、土壤的质地

1. 质地的类型

　　土壤矿物质颗粒大小差别很大。按照其大小可分成若干等级或若干组，这些等级或组就叫土壤粒级或粒组。土粒分级一般是将土粒分为沙粒、粉粒和黏粒三级。

　　土壤的质地是指土壤中沙粒、粉粒和黏粒三种粒级所占的百分比。也就是说，这三个粒级重量的百分比决定着质地的类别。根据质地不同可把土壤分为三大类：沙土类、壤土类和黏土类，每类又可再分为几种，如壤土类可再分为沙质黏壤土、黏壤土、粉沙质黏壤土、沙质壤土、壤土和粉沙质壤土。

　　土壤质地与土壤的排水性、通气性、保水性和保肥性密切相关，所以土壤质地影响着花卉的生长。通常颗粒越大，它们之间的空隙也就越大。沙粒要比粉粒与黏粒的颗粒大得多。沙粒间的大空隙叫作大孔隙，黏粒间很小的空隙叫小孔隙。在大孔隙中，水分移动和渗透很快，水分排光后空气补充进入，所以大孔隙也叫作通气孔（隙）。而黏粒间的小孔隙（也叫毛细管孔隙）持水性良好，当水从大孔隙排出后，小孔隙能持久地保持水分。黏粒还带负电荷，能吸附阳离子，起保肥作用。

沙土类由于含沙粒多，也就是大孔隙多，所以排水性和通气性良好，疏松且容易耕作。但是沙土类由于含黏粒少，所以保水保肥性能差，这也意味着要更多的灌溉和施肥。

结构不良的黏土类由于含沙粒少，所以排水透气性差，容易受积水危害。而且黏土干时紧实坚硬，湿时泥烂，耕性差。但黏土类由于含黏粒多，所以保水和保肥性强。

壤土类土壤所含各粒级的比例协调，兼有沙土类和黏土类的优点，消除了沙土类和黏土类的缺点。它含有足够的沙粒，利于排水和通气，又有足够的黏粒，能较好地保水保肥。而且其黏性不大，耕性较好，宜耕期也较长。所以，壤土类是花卉生产中质地理想的土壤。

2. 测定质地的方法

土壤质地可用触摸土壤的方法来测定。此方法虽然不那么精确，但很快且实用。当然要掌握好这个方法，必须要有准确的测定经验，可在已知质地的土壤上先反复体会感觉，以检验测定的精确度。下面列出了比较重要的和最易分辨的质地类别的特征。

（1）沙

沙粒较大，有明显的硬渣般感觉。当沙土在拇指和食指之间摩擦时，可以感觉到单个的沙粒。当用手挤湿沙时能握在一起，可是一旦去掉压力，再用手触摸，很容易碎裂。

（2）沙质壤土

沙质壤土由50%以上的沙粒组成，触摸时有沙的感觉，也含有足够的粉粒和黏粒，稍有凝结性。如果挤压这种湿土壤，便会黏在一起，用手触摸也不会破碎。

（3）壤土

壤土的凝结力与沙质壤土相似，但感觉不同。壤土含25%～50%的沙，因此有沙的感觉，但它含有更多的粉粒和黏粒，因此触摸时又有光滑的感觉。

（4）粉沙壤土

粉沙壤土至少含有50%的粉粒。粉粒有柔软、光滑的感觉。干粉沙壤土犹如土面粉或扑粉。

（5）黏壤土

黏壤土含有 30%~40% 的黏粒，细小的微粒，有光滑感；同时含有足够的沙粒，触摸时有沙的感觉。黏壤土以其较大的凝结性，可与前面提到的质地区别开来。黏土湿时很黏，在拇指与食指间搓捻时能形成一个薄的条带。只有黏土含量高的土壤质地，如黏壤土或黏土才能形成好的条带。

（6）黏土

黏土土壤至少由 40% 的黏粒组成，其质地很细，湿黏土很容易滚成一条长带。

二、土壤的结构

在自然情况下，土壤固体颗粒完全呈单粒状况存在是很少见的。在内外因素的综合作用下，土粒相互团聚成大小、形状和性质不同的团聚体，这种团聚体称为土壤的结构。在多种土壤结构类型中，有一种结构叫团粒结构，是指颗粒黏结在一起形成的近似球形、疏松多孔的小团聚体，其直径为 0.25~10 mm。

结构不好的黏土类主要由小孔隙所组成，排水透气性不良。但是如果黏粒与黏粒互相结合在一起形成一个个团粒，团粒甚至比沙粒还大，结果增加了大孔隙度，排水透气性因而得到了改善，而团粒内部仍为小孔隙。所以一个团粒就好像是一个"小水库""小肥料库"，团粒结构是花卉生长最好的土壤结构。要注意团粒与团粒之间并不是紧密结合在一起的，具有团粒结构的土壤是疏松和松散的土壤。

团粒结构之所以能够形成，土壤中的有机质起了主要作用。有机质分解转化形成的腐殖质，能将黏粒颗粒凝结在一起。没有这种有机的"黏着"，团粒结构就不可能存在。

三、土壤和水

土壤颗粒之间的空隙分为大孔隙和小孔隙。如果下雨或灌溉，水经过大孔隙向下移动太快，不能为根系利用。水经过小孔隙，由于其容量小，移动缓慢，在大孔隙排出水分之后，小孔隙还能继续保持水分。沙土类含大孔隙多，排水迅速，但储水能力低；黏土类则排水缓慢，持水能力高。水在土壤中的移动取决于土壤中大孔隙和小孔隙的比例，这种比例主要受土壤质地的影响，但土壤结构影响也很大。结构良好的黏质土排水也快，持水能力也同样高。

大雨或灌溉后，土壤表层所有的孔隙都充满了水，这时叫作土壤饱和。土壤仅在一个短时间保持饱和，除非地表下面有一个限制层阻止排水。不久重力使大孔隙内的水经过土壤向下移动。从大孔隙排出的水叫重力水，属于不可利用的水。

重力水从上层土壤完全渗滤后，这时的土壤含水量称为田间持水量。达到这个含水量时，水不再垂直向下移动，土壤上层的水保持在小孔隙里，成为土壤颗粒周围的水膜。

在处于田间持水量时，土壤含有植物可以利用的最大量水分，但是这些水并不是都能被植物根系所吸收利用，因为最后有一部分水被土壤颗粒紧紧束缚，这些水根系是吸收不了的。当土壤中没有可利用的水以后，植株很快或不久就会出现萎蔫。植株出现永久萎蔫时的土壤含水量，称为凋萎系数（又称萎蔫系数、临界水分）。凋萎系数约等于田间持水量的30%。所以，土壤里可利用的水范围是田间持水量减去凋萎系数。

灌溉或者下雨时，土壤处于田间持水量。由于蒸腾作用和蒸发作用，土壤含水量下降到田间持水量以下。植株根系吸收了上层土壤大量水分，而吸收的大部分水由于叶片的蒸腾作用损失了。靠近土壤表面的大量的水变成气态蒸发到大气中，蒸发像蒸腾一样，在炎热干旱、阳光照射的天气损失最大。风也能增加土壤水分蒸发的速度。

土壤蒸发和植物蒸腾这两种结合引起的水分损失，称为蒸发蒸腾作用，或蒸散作用。土壤水分绝大部分的损失是由于蒸发蒸腾引起的。由于这些损失，土壤中可利用的水量不断减少，直至下雨或灌溉后，土壤含水量再增加为止。

四、土壤的通气性

植物的根系生长需要一定的空气，所以土壤通气性影响到根系的生长。土壤的通气性好坏主要取决于土壤中大孔隙也即通气孔的大小和数量。一般花卉要维持通气孔隙度在5%~30%。

通气孔隙增大，或者说土壤太通气，并不会对根系生长直接造成不良影响。比如沙土类，含大孔隙多，通气性良好；而小孔隙少，保水保肥性差，这就意味着需要更经常浇水施肥。

如果能保证水肥供应，花卉一样能生长良好。花卉无土栽培中的沙培，也证明了这一点。

但如果土壤通气性不良，则会对根系生长产生直接或间接的影响，最终使花卉生长不良。所以对于结构不好的黏土类，设法改善其通气性不良的问题是十分重要的。

五、土壤中的有机质

土壤有机质泛指以各种形态存在于土壤中的各种含碳有机化合物，如糖类、蛋白质、纤维素、木质素等。有机质是土壤的重要组成部分，其含量在不同土壤中的差异很大，高的可达 20% 以上，低的不足 0.5%。一般把含有机质 20% 以上的土壤称为有机质土壤，含 20% 以下的称为矿质土壤。我国耕地土壤层的有机质含量通常在 5% 以下，华中和华南一带的水田有机质含量一般在 1.5%～3.5% 之间。

自然土壤中有机质的基本来源是动植物和微生物的残体及其排泄物，而耕作土壤的有机质主要是人为增加的。

土壤有机质会被微生物分解，其中一种产物叫腐殖质，它是一种褐色或暗褐色的大分子胶体物质，与矿物质土粒紧密结合，不能用机械方法分离。腐殖质是有机质的主要成分，在一般土壤中占有机质总量的 85%～90%。

腐殖质能将黏粒颗粒凝结在一起，形成团粒结构，这对于改善黏土类排水透气性不好的问题作用很大。腐殖质本身像海绵一样，能吸持大量的水分，它比黏粒的吸水率大 10 倍左右。腐殖质还带负电荷，能吸附阳离子，起保肥作用。所以，由有机质分解形成的腐殖质在土壤中的作用很大。

另外，有机质分解时一部分会直接变成简单的无机化合物，如 CO_2、H_2O、NH_3 等，从而也提供了植物一定量的所需营养元素，特别是氮。可以这么说，土壤中有机质的含量越多越好。

六、土壤中的营养元素

植物生长发育的必需元素有 17 种：碳、氢、氧、氮、磷、钾、钙、镁、硫、铁、硼、锰、铜、锌、钼、氯和镍。后 14 种元素都由根系从土壤中获得。土壤中的这些元素通常有三种来源：土壤中矿物质风化分解释放，施肥提供和遗留的植物残体分解。

在土壤中各种营养元素只有呈一定形式存在才能被根系吸收，如氮是 NO_3^- 和 NH_4^+，磷是 HPO_4^{2-} 和 $H_2PO_4^-$，钾是 K^+ 等。这些有效态都是呈简单的离子形式溶解于土壤溶液中。土壤溶液就是指含有溶解物的土壤水。

在土壤中可以找到大部分营养元素，但是因为它们大多处于构造复杂的非溶性化合物中，所以并不能够被根系直接吸收利用。但它们也并非为植物永久不能利用，如存在于有机物中的营养元素被微生物分解，最后也会变成有效态。

土壤中的黏粒和腐殖质具有保肥作用，因为它们表面主要带负电荷，能够吸附阳离子如 NH_4^+、K^+ 等，被吸附后的阳离子不易遭雨水淋洗损失。

七、土壤的酸碱性

土壤的酸碱性是指土壤溶液的反应，即土壤溶液中 H^+ 浓度和 OH^- 浓度比例不同而表现出来的酸碱性质。pH 值是用于度量酸碱度的，pH 值等于 7.0 为中性，小于 7.0 为酸性，大于 7.0 为碱性。

不同的土壤 pH 值不同。南方的土壤偏酸，北方土壤趋于碱性。当然还有一些因素影响到土壤 pH 值，如由石灰石形成的土壤呈碱性；含有大量有机质的土壤 pH 值偏低，因为有机质分解会释放有机酸；一些化肥也有酸化或碱化效能等。

各种花卉由于对原产地土壤条件的适应性，因而对 pH 值要求也有不同。但是 pH 值为 6.0~7.0 是多数花卉可适应的范围，主要原因是所有必需元素在此范围内处于可利用的有效态。特别是当 pH 值为 6.5 左右时，植物可充分利用每一种营养元素。

当土壤 pH 值过高或过低时，有些营养元素就会被固定在不可溶的化合物中，致使根系无法吸收利用，所以必须进行改良。

八、土壤的改良

土壤是花卉生长的根基。花卉对土壤总的要求是：既排水透气又保水保肥，含有适宜的营养，适当的 pH 值，能经常不断地同时提供足够的水分、营养、空气和温度。虽然可以说，不管什么土壤条件，花卉都能生长，但是花卉的产量和质量却不能令人满意，或者给以后的管理增加成本。虽然有些改良措施也可以在种植花卉后进行，但改良土壤的最好时机应是在种植花卉之前。

土壤改良可分为完全改良和部分改良。如果现有土壤不适合，可以换用适宜的土壤，这种为根系层带来新土的方法称为完全改良。完全改良所需的成本太高，一般少用。通常采用的办法是部分改良，就是向现有的土壤掺和一些材料来改善其不良的特性。

我们已经知道，土壤的质地和结构，以及土壤中有机质含量和 pH 值，与土壤的排水透气和保水保肥性有极为密切而又复杂的关系，所以改良土壤实际上主要就是改良土壤的质地、结构和 pH 值，当然肥力也可在种植前进行改良。

1. 改良土壤的质地

多数花卉在壤土中生长良好。沙土类保水保肥性差，虽然不进行改良也可以让花卉生长良好，但是通过改良不仅能够减少浇水和施肥的工作量，而且节约肥水。结构不良的黏土类排水透气性差，花卉生长不良，特别需要进行改良。

有时把沙子加到黏土中去，以改善黏土通气和排水不良的缺点。但令人遗憾的是，沙子通常是一种低效能的土壤改良物质，它甚至能使黏土产生一种胶泥状的混合物。在未见成效前，常需要把大量的沙子混合到根系层。

掺和富含有机质的壤土，对改善黏土和沙土的质地都有良好的效果。方法是将 15 ~ 20 cm 厚的现有土壤均匀混入 5~10 cm 厚的壤土。当整个根系层的土壤质地都能改善时效果最好。这种用其他地方的土壤来改良现有土壤的方法，又称为"客土法"。

2. 改良土壤的结构

改善土壤结构是一种很普遍的土壤改良技术，相对来说，它的花费不大又有效，比用改良土壤质地的办法来改善土壤不良特性的效果要好。

由于有机质是形成土壤团粒结构的基础，所以改良土壤结构的方法就是向土壤中添加富含有机质的材料。在黏土中加入有机质，有助于产生团粒结构和较大孔隙，从而改善黏土的排水和透气性。

在沙土中添加有机质，因为有机质本身吸水力强而且能保肥，因此也使沙土的保水保肥性得到改善。可以这么说，无论是什么样的土壤，添加有机质通常只有好处而没有什么坏处。

泥炭、椰糠、腐熟有机肥、堆肥、锯末、菇渣（种植食用菌后的废渣）、中药材渣等都是常用的富含有机质材料。有机质材料必须均匀地分布在现有土壤中，才有比较好的功效。10~15 cm 深的现有土壤掺和有机质材料 5 cm 或再多些，效果最好。

有机质改良土壤结构是暂时的，因它最终都会被分解成简单的物质，所以要注意再施用。

3. 改良土壤的 pH 值

南方土壤偏酸，通常施用含钙和镁的石灰物质改良土壤的 pH 值。因为钙和镁能中和酸度，提高土壤 pH 值。钙和镁本身还是植物所需的营养。

石灰物质有生石灰、熟石灰和石灰石粉（石灰石磨成的粉末）。石灰要与土壤均匀混合。加入石灰的数量，与土壤类型、现有的 pH 值、欲提高的 pH 值、石灰种类等有关，必须经过少量调试测定后再计算出总用量，使用时要与土壤均匀混合。熟石灰的用量可按下面的数据计算：10 cm 深的 1 m^2 土壤用 100 g 熟石灰可提高 pH 值 1 个单位。

要注意的是：不应同时将石灰和化肥施在土壤上，否则肥料会受损失。应该在施肥前 1 周撒布石灰，或在撒布石灰前 1 周施肥。

除了种植前对 pH 值进行调节外，在栽培过程中经常施用一些碱性或生理碱性肥料，如碳铵、硝酸钙等，也能使土壤趋向碱性。

4. 改良土壤的肥力

土壤肥力不足，可以在种植前或种植后人为提供肥料。基肥是指在种植花卉之前施在土壤中的肥料。有机肥的营养元素要经过微生物分解后才能释放出来，所以通常作为基肥使用。化肥中的过磷酸钙，其在土壤中移动很慢，也通常在种植前先施于土壤中，效果要更好。一些钾肥、氮肥和复合肥也可作为基肥。但要注意，硝态氮肥一般不作为基肥，因为其很容易被淋洗掉而造成浪费。

模块二　花卉种植的营养与施肥

一、植物生长发育的必需元素

所有的物质都是由元素所组成。在植物体内可以找到地壳中存在的几十种元素，但是植物生命活动过程中必不可少的元素，即必需元素，只有 17 种：碳（C）、氢（H）、氧（O）、氮（N）、磷（P）、钾（K）、钙（Ca）、镁（Mg）、硫（S）、铁（Fe）、硼（B）、锰（Mn）、铜（Cu）、锌（Zn）、钼（Mo）、氯（Cl）和镍（Ni）。如果缺少了其中任何一种，植物就不能成功地完成它的生命周期。

植物必需元素根据其在植物体内含量多少，分为大量元素和微量元素两大类。大量元素是指植物需要量较大的元素，在植物体内的含量较高，包括碳、氢、氧、氮、磷、钾、钙、镁和硫 9 种。剩下的 8 种为微量元素，是指植物需要量较少的元素，在植物体中的含量较低。

新鲜的植物体 75%～95% 都是水（H_2O），水由植物根系从土壤中吸收获得。植物能够吸收空气中的二氧化碳（CO_2）进行光合作用。所以植物体内的碳、氢和氧三种元素来自水和空气，一般不存在缺乏的问题。

除了碳、氢和氧外，植物体内剩下的 14 种必需元素均来自土壤，由根系吸收获得。在这 14 种必需元素中，铁、硼、锰、铜、锌、钼、氯和镍这 8 种微量元素因为植物需要量少，一般土壤中都含有足够的量能满足植物的需要，所以不必再额外补充。对于钙、镁和硫这三种元素来说，钙和镁在通常情况下因施石灰（石灰中含大量的钙和一些镁）提供给土壤，硫也可因使用某些含硫肥料和杀虫剂以及酸雨（空气中二氧化硫污染）而在土壤中积累，所以一般土壤中的钙、镁和硫的含量也能满足植物的需要，不必再额外补充。最后剩下的氮、磷和钾这三种元素，在土壤中就容易出现不足的问题。

由于植物对氮、磷和钾的需要量比较大，而一般土壤中存在的量又不足以满足植物生长发育的需要，所以在花卉栽培中，氮、磷和钾这三种营养元素最值得我们关注，必须经常给予人为补充。

二、根系对营养元素的吸收

根系吸收营养和水的区域主要是根尖根毛区的根毛。

物质能自发地从高浓度区域向低浓度区域移动，这就是扩散作用。水进入根系的过程叫作渗透，是扩散作用的一种特殊形式。根细胞中通常会积聚着比土壤溶液中更多的可溶性物质，由于蒸腾作用导致根细胞中的水分减少，使得土壤溶液中水的含量比根细胞中的更高，所以土壤中的水就能进入根系。然而根细胞内的溶质却不会向土壤溶液中扩散移动，这是因为细胞中有一层膜叫细胞膜，它只能让水通过而不能让溶解物通过。

明白上述道理，也就可以明白肥料的"烧伤"问题。只要土壤溶液水的含量超过根细胞中水的含量，水就继续进入根系。如果施用化肥太多或浓度太高，使土壤溶液中溶质浓度比根内部的大，水的流动方向就会相反，根细胞中的水反而脱离根细胞，使根失水，严重时会使植株枯死，这就是肥料的烧伤。所以如果错误地施用过量的化肥，应立即灌水，因为灌水能冲洗掉肥料。

在土壤中，各种营养元素只有呈简单的离子形式溶解于土壤溶液中，才能被根系吸收。营养进入根系是以水作为媒介的。根细胞内的溶质既然不会跑到土壤中，那么营养又怎么能够进入根系呢？原来根细胞里面有一种叫"载体"的东西，能够移至细胞膜外结合营养离子，然后再一起通过细胞膜进入细胞，载体再把营养离子释放出来。

三、肥料的种类

当土壤不能提供花卉所需要的营养时，就必须施肥。施肥是向花卉补充营养元素的措施。含有营养元素的物质，都可称为肥料。在花卉栽培中，氮、磷和钾这三种营养元素最容易缺乏，必须经常给予人为补充，所以氮、磷和钾又称为肥料的三要素。在氮、磷和钾三者当中，氮是最可能缺乏的，这是因为在一般土壤中含氮并不丰富（氮主要存在于有机质中），而且其中的 NO_3^- 不能被土壤黏粒和腐殖质吸附保存。

肥料一般分为三大类：有机肥、化肥和微生物肥，这里主要介绍前两类。

1. 有机肥

凡是营养元素以有机化合物形式存在的肥料，均称为有机肥，也叫农家肥。有机肥种类多、来源广，一般含营养元素全面，营养释放缓慢而持久，还能改善土壤结构。其不足之处主要在于含营养元素的量较少，释放不稳定，有些还不卫生，含有杂草种子和病虫害等。由于有机肥须经微生物分解才释放出营养元素，肥效较慢，所以通常作为基肥使用。常见的有机肥有下列几种。

（1）堆肥

堆肥是一种花费不大、易得到的有机肥来源。有机废料如树叶、稻草、杂草、木屑、剩饭菜、垃圾、动物残体等都能制成堆肥。将其层层堆放，使其腐烂分解。如果把这些材料切碎并以 15 cm 一层和 2.5~5 cm 的土层交错放置，会腐烂得更快。

微生物分解有机废料需要空气、水和养料。堆肥应每月翻 1 次，堆肥堆不要高于 1.8 m，以保证底部空气流通。还应为堆肥堆加入适量的氮肥或饼肥，并保持潮湿以促进分解。当堆肥充分腐熟，并容易施到土壤中时，即可准备施用。形成腐熟堆肥需要几个月到 1 年时间。堆肥是一种完全的有机肥料，含大量有机质和丰富全面的营养元素。

（2）厩肥

厩肥是指家畜的粪便，并杂有吃剩的饲草或饲料。以含氮为多，也有一定的磷和钾，但其所含有效成分较少，肥力较柔和。腐熟后作为基肥。

（3）家禽粪

家禽粪是指鸡、鸭、鹅、鸽等家禽类的粪便。家禽粪中氮、磷和钾的含量比家畜粪要高，特别是磷。所以家禽粪可作为磷肥的主要来源，特别适合观果类花卉使用。腐熟后作基肥。

（4）饼肥

饼肥是指油料植物种子榨油后的残渣，有豆饼、花生麸、花生饼、菜籽饼等。含养分丰富完全，含氮较多，使用干净卫生，但价格较高。可作基肥或追肥，作基肥时不要让根直接与其接触。作追肥时，可先用水浸泡腐熟后，再兑水进行浇灌。作基肥时效果慢，作追肥时效果快。

饼肥沤制的方法是：选择有盖的缸、罐等容器，把敲成碎粒的饼肥放入，再加入适量的水，然后盖上盖进行发酵腐熟。必须注意的是，在沤制期间容器不能绝对地密封，否则沤制时会产生气体可能将容器涨破，从而发生危险。沤制的时间约2~3个月，依温度高低而定。沤熟后，取上面的清液再兑水20~30倍进行浇灌施用。清液取出后还可加水继续沤制。饼肥沤制后属于酸性肥料。

（5）草木灰

草木灰是指将枯枝、落叶、杂草等烧成的灰。含钾较多，是钾肥的主要来源之一。对露地花卉可直接撒在田土上然后翻耕；盆花使用时可直接与盆土混合。由于草木灰含钙较多，属碱性肥料，具有中和酸性土壤的作用。

（6）骨粉

骨粉是磷肥的重要来源之一，含 P_2O_5 达 20%~30%。由于其分解速度慢，都作为基肥使用。应集中条施或穴施，与有机肥料一起堆沤后施用效果较好。

2. 化肥

凡是所含的营养元素以无机化合物的状态存在的肥料，均称为化肥，也叫化学肥料、无机肥料。化肥都是用化学工业合成或机械加工的方法制得的，包括氮肥、磷肥、钾肥、复合肥、微量元素肥料、石灰等。

化肥与有机肥相比，主要有下面一些优点。

第一，养分含量高，便于运输、储藏和施用。由于养分含量高，在施用量很少的情况下效果也很显著。

第二，营养成分单纯。一般一种化肥只含有1种或几种主要营养元素，这就便于人们通过施肥有目的地调整花卉的营养状况。

第三，肥效快。许多化肥施入土壤后一般3~7天即可见效。因为化肥多是水溶性的或弱酸溶性的，施入后可溶于土壤溶液中直接被根系吸收。但当根系来不及吸收时，则容易被水淋洗掉，所以多数化肥后效短，或没有后效。

但是化肥也有不及有机肥的缺点，如长期使用化肥，会留有化学"残渣"并改变土壤的酸碱度，破坏土壤团粒结构，导致土壤板结；使用不当或浓度太高会烧伤植株；化肥养分单一，肥效又不持久，容易被水淋洗并污染环境等。

正因为化肥与有机肥各有其优缺点，因此花卉施肥应提倡二者互相配合施用，取长补短，相辅相成。

（1）常用的氮肥

1）碳酸氢铵（NH_4HCO_3）

碳酸氢铵简称碳铵，含氮 16.5%～16.8%，属碱性肥料。当气温高于 20℃时易分解挥发出氨气而损失。吸湿性强，吸湿后会加速分解。与碱作用也加速氨的挥发。故储藏时要防雨、防热和防潮。可作基肥或追肥，宜深施。不能与草木灰或石灰混用。

2）硫酸铵［$(NH_4)_2SO_4$］

硫酸铵简称硫铵，含氮 20%～21%，属生理酸性肥料。与碱性物质易产生氨而损失。可作基肥或追肥。

3）氯化铵（NH_4Cl）

氯化铵简称氯铵。农用氯铵含氮≥25.39%。特性及使用与硫铵相似。

4）尿素［$CO(NH_2)_2$］

尿素含氮 45%～46%，中性，具一定的吸湿性。可作基肥或追肥。追肥时应按照需肥时间，适当提前施用。追肥一般用 0.5%～1%的水溶液施入根部，或用 0.1%～0.3%水溶液进行根外追肥，时间最好在傍晚，以免烧伤叶片。

（2）常用的磷肥

常用的磷肥是过磷酸钙，又称为普钙，含磷 16%～18%。能溶于水，有一定的吸湿性。吸湿受潮后易变性，故储运时要防潮。

过磷酸钙一般作为基肥，宜集中条施或穴施，增加与根系接触面会提高肥效。过磷酸钙若与有机肥一起堆沤后施用，或与有机肥混合施用，效果更佳。

因过磷酸钙在土壤中难移动，幼苗对磷的要求敏感，但对土壤中难溶性磷的吸收能力又较弱，因此宜作追肥和种肥。作追肥时应注意早施。

当花卉根系生长受阻，吸收能力差或在开花前后时，以过磷酸钙作根外追肥效果也很好。喷施浓度一般为 1%～3%。具体做法是先制成 10%的母液，充分搅动，静置待不溶物沉淀后，取上清液稀释后再喷施。

盆栽花卉可用1%~5%的过磷酸钙与盆土混合作为基肥。

（3）常用的钾肥

1）氯化钾（KCl）

氯化钾含钾50%~60%，属生理酸性肥料。主要用作基肥，也可作追肥，浓度为1%~2%。球根花卉忌用。

2）硫酸钾（K_2SO_4）

硫酸钾含钾48%~52%，属生理酸性肥料。可作基肥或早期追肥，一般应用条施或穴施的集中施肥法。追肥的浓度为1%~2%。

（4）复合肥（料）

以上介绍的是在氮、磷和钾三要素中只含有一种元素的肥料，这种肥料又称单质肥料。复合肥是指在氮、磷和钾三要素中，含有两种或三种元素的化学肥料，含有两种的称为二元复合肥，含全部三种的称为三元复合肥或氮磷钾复合肥。一般人们所称的复合肥就是指三元复合肥。

复合肥的有效成分是用$N-P_2O_5-K_2O$的相应重量百分含量来表示的。如某种20-10-10的复合肥，表示其属于三元复合肥，其中含有氮（N）为20%，磷（P_2O_5）10%，钾（K_2O）10%。即如果这种复合肥的重量为1 000 g，那么其中含有的氮、磷和钾分别为200克、100 g和100 g，其余的600 g都是非营养成分。再如某种18-46-0的复合肥，表示其含有氮18%、磷46%、钾0，属于二元复合肥（即氮磷复合肥）。在复合肥中，各种营养元素含量百分数的总和称为复合肥的养分总量。养分总量大于30%的复合肥称为高浓度复合肥。

比率是肥料的另一个术语。例如，20-10-10的肥料含有2份氮，1份磷，1份钾，它的比率是2：1：1。再如20-5-10的肥料，它的比率是4：1：2。在许多资料中常常提出或建议使用某种比率的肥料，而不是使用某种含量或等级的肥料。例如，如果介绍使用的是2：1：1比率的肥料，我们就可以选择20-10-10、10-5-5、14-7-7、18-9-9等中的任何一种，使用的效果是一样的，只不过用量不同而已。

目前有些复合肥中所含的营养元素已不只限于氮、磷和钾，有的还含有其他一些元素，如镁、锰、硼等。

常见的二元复合肥有：

1）磷酸铵

简称磷铵，主要成分是磷酸一铵和磷酸二铵，为氮磷复合肥。易溶于水，有一定的吸湿性。含氮 16%~18%，含磷 44%~46%。可作基肥或追肥。不可与石灰、草木灰等碱性物质混存或施用，以免降低肥效。

2）硝酸钾（KNO_3）

硝酸钾含氮 13%~19%，含钾 36.5%~46%，为氮钾复合肥。属于化学危险品中的一级氧化剂，加热至 40℃时即可分解燃烧，发光冒烟放氧，产生亚硝酸，此时当它与有机物（木屑、布、油脂等）接触易引起燃烧。它与碳粉、硫粉混合便是黑色火药，遇热即发生爆炸。所以储运中要十分注意安全，防高温，防与易燃物接触。

硝酸钾不宜作基肥，宜作追肥，浓度为 1%~2%。根外追肥浓度为 0.3%~0.6%。

3）磷酸二氢钾（KH_2PO_4）

磷酸二氢钾属磷钾复合肥，含磷 50%，含钾 30%。酸性肥料。由于价格较高，一般作根外追肥，浓度为 0.1%~0.3%。

（5）微量元素肥料

上面已介绍过，一般的土壤无须再人为施用微量元素肥料。但这里仅指一般情况，对于不同地区、不同地点和不同的土壤类型，也完全可能存在某种甚至某些微量元素缺乏的情况，此时也同样需要进行施肥补充。这里介绍几种比较常见的微量元素肥料。

1）硼肥

常用的硼肥有硼酸和硼砂。南方红壤、砖红壤和黄土都有可能缺硼。硼肥可作基肥、追肥或根外追肥（浓度 0.01%）。作基肥最好与有机肥和常量元素肥料混匀后施用，以免局部浓度过高而产生毒害。一般亩施 0.3~1 kg 硼肥，可维持几年的肥效。

2）钼肥

常用的钼肥是钼酸铵。南方红壤和砖红壤也可能缺钼。作基肥时每亩施 0.01~0.1 kg，可与过磷酸钙混合后施用效果更好。根外追肥常用0.1%溶液，于苗期和花期各喷施1~2次。

3）铁肥

常用的铁肥为硫酸亚铁，又叫绿矾。在碱性土中铁易被固定而出现不足。在北方，土壤常偏碱性，栽种喜酸花卉如杜鹃、山茶、栀子、茉莉等，可用0.2%的硫酸亚铁进行根外追肥，可避免叶片缺铁导致的黄化。

（6）缓释肥料

缓释肥料又叫控效肥料、控释肥料、长效肥料，是对肥料养分释放速率进行调控，使之适应作物养分需求变化的一种新型肥料。缓释肥料可由多种方法制成，为固体颗粒。缓释肥料一次施用能满足花卉相当长的一段生长期的要求，而且施用方便，损失小或不损失，不污染环境，重施也不会伤害花卉，但其价格高。

目前国内销售的花卉缓释肥料都是同时含有氮、磷和钾三种元素，有的还含有其他的必需元素。肥效期短的也有3~4个月，也就是3~4个月施1次这种肥料就可以了。肥效期长的则可达8~9个月，甚至12~14个月。由于缓释肥料优点多，目前在花卉上的使用越来越多。

四、施肥的技术

1. 施肥的方法

基肥通常是指定植之前施入田间的肥料。有机肥料通常多作为基肥。像厩肥、堆肥等，如果数量多，可在翻耕之前先撒施，以同时达到改良土壤结构的目的；若数量少，则进行条施或穴施，即先在畦上挖沟或挖穴，把肥料施入，盖上泥土，再进行栽植，不让苗根直接接触肥料。各种饼肥，由于价格高、来源较少，通常也进行条施或穴施。一些化肥也可作为基肥干施，也应集中施用，以增进肥效。

花卉在整个生育期都需要营养，一般植株越大，需要量越多。用化肥作为基肥，其肥效期短，营养除了被根系吸收之外，还会因被淋洗、固定或挥发而损失掉，所以需要很快进行继续施肥。用有机肥料作为基肥时，虽然因其需经过微生分解而缓慢释放，肥效期比化肥要长，但它也存在以下一些缺点，如含氮磷钾三要素的量往往不够及其比率不适，分解速度受土壤温度、水分、通气状况、pH 值等影响，最终也会被完全分解完毕。所以无论是用化肥还是用有机肥作为基肥，并不意味着施一次基肥就能长期满足花卉的需要，也就是说在花卉生长发育过程中，还需经常进行施肥补充。

追肥是补充基肥的不足而在花卉生长发育过程中施用的肥料。追肥多使用化肥，但饼肥也可用水浸泡腐熟后，再兑水作为追肥。化肥可兑水后再施，直接淋在根部。化肥也可干施，方法有撒施、穴施、条施、环施等。撒施是将肥料均匀地撒在种植区域的土面上，施后最好覆一层土或通过松土让肥料入土，以减少肥料的淋洗与挥发损失；条施是在花卉行间挖条浅沟，将肥料施下再覆回土；穴施用于种得较集中或需肥较多的花卉，在根系处挖穴，将肥料施入后再覆回土；环施主要用于大树，在适当距离处围绕树干挖环形浅沟，将肥料施后再覆回土。追肥时用量不可过多，浓度不可太高，以免烧伤根系。

当土壤过湿或要求速见施肥效果时，一些化肥可用于叶面喷施，营养元素通过叶面吸收进入植株体内，这就是所谓的"根外追肥"。一般土壤追肥要 3~5 天才能见效，而根外追肥可在喷后 12~24 小时即见效。但适合于根外追肥的化肥种类不多，而浓度也要求比一般追肥的浓度更低。

在花卉生产中，一般是有机肥与化肥结合施用。有机肥中的厩肥和家禽肥，必须用塑料薄膜覆盖堆沤发酵一段时间，待腐熟以后才可使用，可以避免以后伤根（发酵产生高温）和生蛆，在堆沤发酵过程中还可杀死杂草种子。

2. 施肥的注意事项

不管施什么肥料，只有用量和时期适当，对花卉才有益。花卉的施肥量与次数依花卉的种类品种、要求的质量水平、生长发育时期、季节环境、土壤类型、肥料种类、施肥方法、灌溉方法等有很大差异，但归纳起来要注意的共同点有三点。

（1）适时

适时就是按照花卉需要进行施肥。通常春夏秋都是生长期，也是追肥的适期。冬季气温下降，肥效较长，且植株生长缓慢甚至休眠，宜少施或不施。夏季会休眠的花卉在夏季也不能施肥。梅雨季节或降雨时或高温烈日的中午也一般不施肥。若叶色黄、淡绿，叶及芽小于正常、叶质薄，花芽形成不良，枯枝多、侧枝短小，植株生长细弱等，往往是缺肥的象征。施肥后若仍黄弱不长，则可能是土壤或 pH 值不适。

（2）适当

不同的营养元素对花卉的生长发育作用是不同的。不同的花卉及同种花卉在不同的生长发育时期对营养元素的需要也不同，因此必须根据具体的需肥特点来进行施肥。例如，氮能够促进叶子的生长，所以含氮量比较高的肥料如氮：磷：钾＝2：1：1 或（2~3）：1：2 这种比率的复合肥，不但对叶子多的观叶类植物有益，也适合其他花卉在开花前的营养生长期使用，因为这时叶的长速达到了最高峰。或者说，幼苗及观叶花卉需较多的氮肥。

含磷量多的肥料利于开花结实，所以常用于花期正要开始和开花期间。观花和观果花卉及球根花卉也需要较多的磷肥。

一般中苗以上或成株需要较多钾肥。钾对果实的发育有促进作用，所以含钾量多的肥料对花期刚刚结束的植株也是很有利的。另外钾能促使植株坚韧，抗逆性增强，所以越冬前多施钾肥有利于花卉越冬。一般花卉在开花结果期以及为了促进茎和地下部分健壮，使用氮：磷：钾＝1：3：2 这种比率的复合肥是很适宜的。

由此可见，市场上的复合肥之所以有不同的比率，就是为了适合不同的花卉及花卉不同的生长发育时期的需要。目前更研制出一些专门适合某类或某种花卉使用的专用肥，如兰花肥、凤梨肥等，如能针对性地购买使用，效果更佳。

（3）适量

花卉吸收营养元素不足会产生"饥饿现象"，导致植株生长发育不良，但吸收过量也同样会导致生长发育不良，并造成肥料浪费。同种花卉在不同的生长发育期，对营养的需求量也是不同的。一般来说，在幼苗阶段，需要量较少；随着幼苗的成长，需营养量逐渐增多，开花结果期需求量达到高峰；此后随植株生长势的减弱，需求减少最后停止。必须指出的是，幼苗期虽然需营养量较少，但对养分元素的缺乏很敏感，如果不足，会对以后植株的生长和品质造成不可弥补的损失。

化肥的使用浓度不能过高以免产生肥伤。化肥多作为液肥用，干施埋入土中容易引起肥伤。追肥时还必须了解土壤的干湿情况，如土壤过干时施液肥，会因植株迅速吸收水分造成肥料浓度过高而致害；土壤过湿，则营养易流失。所以须调整土壤湿度，适湿时施肥才能充分发挥效力。

五、判断植株需肥状况的方法

俗话说：有收无收在于水，收多收少在于肥。由于花卉种类相当多，不同的花卉及其在不同的生长发育时期对营养元素的需要量是不同的，而且土壤类型有多种多样，不同地区习惯使用的肥料种类、施肥方法、灌溉方法等也都有所不同，因此在实际当中就存在这样的问题：对具体种植的某种花卉，在其某个生长发育时期缺乏不缺乏营养元素？如果缺乏，具体是缺乏哪一种或哪几种营养元素？缺乏的数量是多少？也就是说，我们到底怎样来判断花卉需不需要进行施肥？如果要施，该施哪种肥或哪几种肥？施用量是多少？目前有以下几种办法来进行诊断确定。

1. 植株外观诊断

花卉在生长发育过程中如果缺乏了某种营养元素，就会在植株上出现一定的症状，某种营养元素吸收过多也会出现一定的症状。通过实际出现的症状，可以判断出花卉哪种营养元素出现了问题。下面介绍的是氮、磷和钾三要素的情况，供栽培或养护管理时诊断参考。

（1）氮不足或过多时会出现的症状

氮元素不足时，植株生长缓慢，发育不良，轻微时老叶黄化，幼叶呈淡绿色；严重时全株叶片黄化，老叶易干枯及脱落。

植株吸收氮过多，则导致茎叶徒长（即茎生长特别快，但节间长而细弱，叶片薄嫩），组织柔软易倒伏，易受病虫害袭击，推迟开花及开花不良。

（2）磷不足或过多时会出现的症状

磷元素不足时，植株分枝或分蘖少，叶片变小，叶色暗绿，症状遍及全株，通常老叶较新叶严重，许多种类茎叶呈现红色斑点或紫色斑点并坏疽。

磷吸收过多出现的中毒症状为丛生矮小，叶片肥厚而密集，成熟延迟。

（3）钾不足或过多时会出现的症状

钾元素不足时，植株老叶的叶缘及尖端变黄而焦枯，或生成棕色斑点，甚至后期呈现坏疽，并逐渐向内扩展，新叶可保持正常，但较软弱。植株抗病虫害及恶劣环境的能力较差。

钾过多时，会出现枝条不充实、叶片变小、叶色变黄、耐寒性下降等现象。

要注意的是，上述外观诊断，通常只在植株仅缺1种营养元素的情况下有效。如同时缺乏2种或2种以上元素，或出现非营养元素如环境条件不适、病虫害等引起的症状时，则易于混淆，造成误诊。另外，此方法是在植株出现症状以后，也就是植株已受到损害以后才能确诊，此时再来施肥已为时过晚，所以在实际应用上并不是一个理想的确定是否需要施某种肥的办法。还有，随花卉种类及环境条件的不同，同一元素缺乏时所表现出的症状也可能存在一定的差异。

2. 土壤养分诊断（土壤分析）

花卉所需的营养元素来自土壤，所以分析土壤中的营养元素有效态含量，可以作为是否需要施肥的很好依据。比如说，经过试验得出当菊花在生长旺盛时，土壤浸出液有效磷的浓度应为$(3\sim5)\times10^{-6}$时植株才不会缺磷，那么分析现有种植菊花的土壤有效磷的含量，如果浓度达到$(3\sim5)\times10^{-6}$时则不必施磷肥，低于这个浓度则需追施磷肥，施用的数量也可根据差额换算出来。但是由于种种原因，此方法目前在国内还很少使用。

3. 植株营养诊断（组织分析）

花卉缺不缺肥在于植株本身，所以可以通过分析叶片干物质里的营养元素含量，与标准含量对照，最终确定是否需要施肥、施何种肥及施多少肥。例如经试验得出菊花上部叶片干物质中氮的含量适宜范围为4.5%~6%，中度或严重缺乏水平为1.5%~3%，那么分析现有栽培的菊花叶片，如果其干物质中氮的含量处在4.5%~6%的范围，则植株不缺氮，即不用施氮肥；如果含量低于3%，则肯定要施氮肥，施用的数量也可根据差额、植株的鲜重、肥料的利用率等再经过换算而得出。但是由于种种原因，此方法目前在国内也还很少使用。

第 **3** 单元
花卉的繁殖

模块一 播 种 繁 殖

花卉的繁殖分为有性繁殖和无性繁殖两大类。有性繁殖又称播种繁殖、种子繁殖，是指用种子进行繁殖的过程，繁殖出来的苗叫实生苗。有性繁殖是一二年生花卉最常用的繁殖方法，部分球根、宿根和木本花卉也常用此法。

一、种子的储藏方法

种子寿命或发芽年限是指种子保持发芽能力的年数。种子的寿命与储藏种子的环境条件特别是空气湿度有密切关系。通过改进储藏方法，可延长种子的寿命。

1. 不控制温湿度的自然储藏

许多花卉的种子可储存在袋子、其他不封闭的容器或仓库中。多数花卉种子可以无须控制任何条件而储藏，为期至少 1 年。

2. 控湿暖藏

对上一方法改进一步的种子储藏方法，是把干燥的种子储存在可控湿度的条件下。种子可以储存在密封、不透水汽的容器内。各类容器在耐用、坚固、费用、防鼠咬和虫害方面，以及在水汽的保持和通透性方面是各不相同的。例如完全密封的铝罐、密封的玻璃罐等，可完全不透水汽。而纸袋和布袋则无法防止空气湿度的变化。

3. 冷藏

种子的寿命均可通过降低储藏温度至 10℃ 或更低而延长。所以种子可以放到冰箱里储藏，用密闭容器装着更好。

二、影响种子发芽的环境因素

能够发芽的种子，要让其萌发，必须有适合的环境条件，包括温度、水分和氧气，有些种子还需要光线。

1. 温度

种子萌发需要适当的温度。每种花卉种子的萌发对温度的要求都有最低、最适和最高的温度三基点，在最适温度下发芽速度最快。一般来说，温带花卉在 15~20℃ 的温度下发芽最适，亚热带及热带花卉则以 25~30℃ 为最适。

2. 水分

种子萌发需要充足的水分。干燥的种皮是不易透过空气的，种皮经水浸润后，结构松软，氧气容易进入，呼吸作用得以增强，从而促进种子萌发，同时胚根和胚芽才容易突破种皮。

3. 氧气

因为种子萌发需要进行呼吸，所以需要有足够的氧气。如播种过深或土壤积水，导致氧气不足，萌发就会受到影响。

4. 光线

光线对一些种子的发芽也有影响。有些种子发芽时需要黑暗，称为嫌光性种子，如千日红、金莲花等。另外一些种子发芽时需要光线（有微弱光即可），称为需光性或好光性种子，如鸡冠花、一串红、万寿菊、虞美人等。一般细的种子由于储藏养分少，不足以支持胚芽由土中长出，仅能在地面发芽，多属于好光性种类。

除了上述两类种子外，其他种子在光、暗下都可正常发芽，称为中光性种子。

所有的种子在发芽以后，都需要有足够的光照，以让长出的子叶和叶子能进行光合作用制造有机物质，保持幼苗继续良好生长发育。

三、种子的质量

种子质量的优劣应表现在播种后的出苗数、速度、整齐度、苗的纯度和健壮程度。这些种子的质量标准应在播种前确定，以便做到播种和育苗准确可靠。

1. 纯度

种子纯度是指样本中本品种的种子的重量百分数，其他品种或种类的种子、泥沙、植物残体等都属杂质。种子纯度越大越好。纯度的计算公式为：

$$种子纯度（\%）=\frac{供试样本总重-（杂质重+杂种子重）}{供试样本总重}\times100$$

2. 饱满度

衡量种子的饱满程度，是用一千粒种子的重量（克）来表示，称作种子的"千粒重"。绝对重量越大，种子饱满程度越充实，播种质量就越高。它也是用来估计播种量的一个依据。

3. 发芽率

种子储藏过久会逐渐丧失发芽能力。

提供有生活力的种子是种子繁殖成功的基础。然而活种子和死种子之间的区别，往往从外观上是难以判断的。测定种子的发芽率是鉴定种子质量的一个最重要的指标，发芽率越高越好。

种子的发芽率是指样本中发芽种子的百分数。计算公式为：

$$种子发芽率（\%）=\frac{发芽种子粒数}{供试种子粒数}\times100$$

目前在国内，由于种子生产商、经销商及有关监管部门的问题，市场上出售的一些花卉种子缺乏发芽率的说明，或者虽有标注发芽率，但与实际发芽率并不相符，因此不论是进行生产还是进行研究试验，预先进行发芽率的测定是十分必要的。

测定发芽率可在垫吸水纸的培养皿中进行，给以一定的水分，最好置于 20~25℃ 的恒温下；或者在沙盘、苗钵内进行，如果能使发芽接近大田条件则更具代表性。

4. 发芽势

种子在贮藏的过程中，生活力会逐渐衰退。发芽势是指种子的发芽速度和发芽整齐度，表示种子生活力的强弱程度。低活力的种子形成的幼苗抵抗不良环境能力差，受病害的侵袭也容易死亡。发芽势的计算公式为：

$$种子发芽势（\%）=\frac{规定天数内发芽种子粒数}{供试种子粒数}\times100$$

四、播种的技术

1. 播种量的确定

播种时种子播得太多或太少都不适宜，所以播种前首先应确定播种量。播种量的计算公式为：

$$播种量（克/单位面积）=\frac{单位面积植株数\times种子发芽百分率}{每克种子数\times种子纯度百分率}$$

这里计算出来的只是最低限度的播种数量，实际上一般播种不可能保证种子百分之百地成苗成株。在实际生产中，播种量都应当比计算出来的播种量要高。至于高出多少，应视土壤或基质种类、气候冷暖、雨量多少、病虫灾害、种子价格、种子大小、直播或育苗、播种方式、栽培水平等来决定，一般要求高出至少 10% 以上。

2. 播种前种子的处理

种子处理的目的是促进种子发芽迅速、整齐，不同花卉的种子有不同的处理方法。常用的是水浸种，如香豌豆、月光花等种皮较薄的种子，可用 0~30℃ 的冷水浸种 6~24 小时后再播；种皮较厚的文竹、旱金莲等，可用 40~60℃ 的温水浸种 12~24 小时；种皮坚硬、不易透水的合欢、紫藤、紫荆等，可用 70~100℃ 的热水浸种 24 小时。对于细小的花卉种子，一般不采用水浸种。

3. 种子发芽前后的病害防治

种子在发芽前后，防除病害是种子繁殖中最重要的工作之一，特别是在进行大规模繁殖或育苗时。其中最主要的病害是猝倒病，通常幼苗的茎在靠近基质表面腐烂并倒下。猝倒病病菌的菌丝存在于播种基质以及环境中，侵染植物的组织，或存于种子上，再传染给干净的基质和种子。因此，在播种前要对病害进行预防，一方面是处理种子，另一方面是处理播种基质及环境。此外，选用质量好的种子、保持通风、控制浇水和空气湿度等，都可减少猝倒病的发生。

（1）种子的处理

一些含锌或铜的杀菌剂，以及克菌丹、福美双、苯菌灵等，可用来处理保护种子，使种子不受基质真菌的侵袭。把浸湿或浸种后的种子与药粉（为种子重的 0.3%）拌匀即可进行播种。

（2）基质的处理

播种基质及环境中可能含有引起猝倒病的病原菌，当然也可能含有其他真菌、细菌、线虫和杂草种子。为了防止猝倒病的发生，对可能含有病菌的基质特别是土壤进行消毒处理十分必要。对播种容器、苗床、工作台、工具等进行消毒也有必要，可用次氯酸钙、2%的甲醛、消毒酒精等进行喷洒。

1）基质的热处理

对于少量的基质，可以把其放在蒸锅内蒸 2 小时进行消毒，或用高压锅进行消毒。另外还可把基质放在铁锅或铁板上烧火翻炒约 0.5 小时，又称烧土消毒。

2）基质的化学药剂熏蒸处理

福尔马林是一种具有强穿透力的优良杀菌剂，它还可以杀死一些杂草种子，但对杀灭线虫或昆虫则不可靠。处理时把 40% 的福尔马林按 1∶50 的比例与水混合，喷在基质上（每升药液可施约 7.55 L 土壤），拌匀，再用不透气的材料如塑料薄膜覆盖 24 小时以上。此后除去薄膜，散开基质，并多次翻动，约需 1~2 周的干燥通风时间，待甲醛气味全部消失以后，基质才可使用。

3）基质淋洒杀菌剂

有些化学药剂可以施于已有幼苗生长或即将生出幼苗的基质里或苗株上，能抑制或消灭许多有害病菌，如敌克松、五氯硝基苯、苯菌灵等。

4. 播种用的基质

播种用的基质是指用于播种、让种子生根发芽的材料。为了获得良好的效果，播种基质要求尽量干净、排水透气、保水、含足够的营养元素、颗粒大小适合、pH 值适宜等。

用土壤作为播种基质是最常见的，特别对于大粒种子。土壤中以壤土为最好。但是即使是壤土，它也不能包括上述的所有特点，例如壤土往往过于黏重，通气不良，或灌水后变黏；干燥时它会收缩，表面龟裂；含有病原菌和杂草种子等。因此对于小粒种子，通常是用两种以上不同的材料混合起来作为播种基质，这样的基质又叫人工培养土。

目前在播种小粒种子时，广泛使用泥炭或以泥炭为主要成分的无土基质配方，其他材料有珍珠岩、椰糠、河沙等。近年来，国内进口了不少经过加工的泥炭，其中有的专门适用于播种，效果很好，但成本高。

5. 播种的时期

花卉的播种适期，主要根据花卉的生物学特性和气候条件，以及应用的目的和时间来决定。如对于一年生草花，主要在春天播种，因它喜高温，在接下来的夏天旺盛生长开花；对于二年生草花，多不耐高温，喜冷凉的气温，所以适宜的播种期是在秋季；多年生草花的播种期，主要依其耐寒力的强弱而异。耐寒性宿根草花春秋皆适宜播种，夏季也可，尤以种子成熟后即播为佳；不耐寒的常绿宿根草花宜春播或夏播，或种子成熟后即播。

温带原产的木本植物虽然种子多在夏天成熟，但由于种子具休眠性，需要经过冬天沙藏后于第二年春天再播。热带原产的木本以及观叶植物，则宜在春夏间播种，以使其在冬天时具有更大的植株（抗寒力更强）来度过冬季。如果迟至秋天播种，则冬天幼苗应有设施给予保护。

6. 播种的方法

在花卉生产上，除了少数情况像花坛草花、斜坡草坪草绿化等可进行直接播种（直接播种是指播种后不对幼苗进行移植，让它一直在田间生长下去）外，大部分是先进行播种育苗，育出的苗再进行定植或者上盆。播种育苗方式可分为露地苗床播种育苗、室内苗床播种育苗、露地容器播种育苗和室内容器播种育苗等。

（1）露地苗床播种育苗

此方法是将种子播于露地苗床上，当幼苗长到一定的大小时，再进行移植或定植或上盆。通常大粒种子，或乔灌木种子，或大规模粗放栽培，均可用此方式。木本的幼苗在苗床上可以生长长达1~3年，依种类而定。

苗床要向阳。苗床土壤应有疏松的物理结构，能使种子与土壤紧密接触，这样水分就能不停地供给种子，而且能排水和透气。但土壤又不要含太多沙，否则干燥太快，所以土质以壤土为好。土壤颗粒不要太粗，也不要太细，以直径1~12 mm（因种子大小而异）为适。土壤因含有杂草种子、真菌等有害微生物，有必要事先消毒。如能向土壤中均匀混合一些细泥炭很有益处。

把苗床整成约 1 m 宽，表面整平。种子的播种方式有点播、撒播和条播三种。点播是将种子按一定距离播在土壤中，适用于大粒种子。撒播是将种子均匀撒播到土壤上，适用于较小种子。条播则是先用木条在土壤上压成小沟，然后将种子播于小沟内，再覆土将小沟填平。条播可适用于大部分种子。

播种密度取决于种类及繁殖目的。例如，如果要求较高比例的苗木达到田间种植大小，或作为嫁接的砧木，那么密度应当小一点；如果幼苗是移植于其他苗床让它再生长，那么较大的密度（幼苗较小）比较适当。对于种子的播种深度，通常大粒种子为种子直径的 3~4 倍，小粒种子以不见种子为度。如果播得太深，会延迟幼苗出土，种子本身储藏的养料耗尽又不能及早进行光合作用，幼苗质量会差，甚至死亡。当然一些种子需要光线，这也是一个影响因素。播后为了防止大雨冲刷及保湿，可在畦上覆盖一层稻草或遮光网。

播种后保持适当的床土湿度是种子发芽管理的一个最重要的环节。土壤在任何时候都不能干燥。忽干忽湿会对正在发芽的种子造成伤害甚至致其死亡，过湿则易造成缺氧以及猝倒病的发生。

种子从播种到发芽所需的天数因种类而异，一般草本需 1~2 周，木本需 1~2 个月，棕榈类更有长达 1 年以上者。如果种子超过预定期限尚未发芽，可挖出来检查，当种子软腐或有臭味时则表示其已死亡。

幼苗出土后需把覆盖物除去。真叶长出后开始追氮磷钾肥，特别是氮肥，因为氮肥对营养生长关系最大。一种简单的肥料可由 1 汤匙硝酸钾和 1 汤匙硝酸铵溶于约 4 L 的水中配制而成，每周施 1 次。加 2 汤匙如氮∶磷∶钾＝5∶3∶2 的复合肥料于 4 升的水中也可配成令人满意的肥料。

（2）露地容器播种育苗

此方法是在露地将种子播于营养袋、营养杯、花盆、浅木箱、播种盘（育苗盘）、穴盘等容器中，以后再对幼苗进行移植、定植或上盆。此方式具有不少优点，如用营养袋、营养杯、花盆等进行单个大粒种子点播，将来就可省去幼苗起苗这个步骤，而且幼苗与基质完整脱袋时的移植成活率相当高，这对不耐移植的直根类花卉特别适合。又如用浅木箱、大花盆等进行小种子多量撒播时，由于容器的摆放位置可以随意挪动、容器上可进行覆盖保湿等特点，所以可获得更高的发芽率和成苗率，减少种子损耗。

很多草花种子细小，播种要精细，常用花盆、浅木箱、播种盘等进行多种子播种，基质一般使用以泥炭为主的无土基质。下面简要介绍一下用花盆进行播种的方法。

先在盆底排水孔处垫一块防虫网，再放入约 1/3 盆深的粗材料如石砾、陶粒、木炭等（以利于排水），然后装满基质，把多余的基质用木板在盆顶横刮除去，再接着用木板轻轻压严基质，使基质表面低于盆顶 1~1.3 mm。把种子均匀撒在基质上（稍大的种子也可进行点播），微细种子为播种均匀可先加入一些细小基质混合均匀再进行撒播，然后再用木板轻压使种子与基质紧密接触，根据种子大小决定是否需再覆基质。之后浇水，浇水使用喷细雾法或浸盆法，用淋灌法会淹没或冲散种子。浸盆法就是把花盆浸于水中，注意水面不要超过基质的高度，如此通过毛细管作用让基质表面和种子湿润，湿润之后就把盆从水中移出并排干多余的水，把盆放置在荫处，然后在盆上盖上玻璃或塑料薄膜。因为基质表面很容易干燥，盖上覆盖物可以保持基质的湿润，否则就要频繁地进行浸盆或喷雾。如果是嫌光性种子，覆盖物上可再覆盖上报纸。

种子一发芽就要去掉报纸和覆盖物，把盆移至有光照的地方（如果在夏季播种，要逐渐接受阳光，否则突然强光会灼伤种苗）。如果光照不足会使幼苗生长纤弱，即茎长得瘦弱细长，叶小而颜色变淡。此后的管理中浇水相当重要，不能让根部基质完全干燥，土壤太湿又容易产生猝倒病以及产生弱苗。在基质表面有点干燥时再进行浇水（用喷细雾法），有利于防止猝倒病的发生和促进根系的发育以及产生健壮的苗。如果基质中没有先加入肥料，幼苗长出真叶后就要进行施肥（参照苗床播种部分）。

由于播种时播得较密，所以在幼苗生长拥挤之前必须进行移植，否则会使幼苗生长不健壮并容易产生猝倒病。如果幼苗的数量比所需要的多，也可先进行间苗。

移植就是把苗移到另外一个地方种植。播种后的移植是为了扩大株间的距离，使幼苗生长良好。种植用的花盆和基质可与播种用的相同。

移植时可用左手手指夹住一片子叶或真叶，右手拿一竹签插入基质中把整个苗撬起来，不要伤根（特别对于直根性种类），尽量带土，然后种植到花盆中。种植时深度要与未移植的深度相同，苗的间隔距离约为数厘米，种植后立即浇水，这次浇的水称为定根水。移植的时间以傍晚为宜，因为此时移植后正好入夜，没有光照，温度又较低，蒸腾作用弱，根部又能充分吸水，所以幼苗恢复生长快。如果移植后的光照太强，应进行遮阴或把花盆放在阴凉处，以避免强光的伤害，等幼苗完全恢复生长后才置于有阳光处。移植后的几天之内也不要进行追肥，要等根系恢复生长后才可施肥。

移植 1 次后，随着幼苗生长变大又互相拥挤时，如果不进行定植或上盆，需要再次进行移植。所以幼苗在尚未定植或上盆前，移植次数可能有多次。

由于挖苗时往往会损伤根苗或根系，栽植后的幼苗会产生时间长短不一的缓苗期，待新根毛重新长出后，幼苗才恢复正常生长。另外，如虞美人、紫罗兰、花菱草等，这些直根性种类不耐移植。所以为了保证移植时不伤根或少伤根，避免或缩短缓苗期，目前对于细小的种子，已广泛采用穴盘进行播种育苗。

（3）室内播种育苗

室内播种是指在设施内进行的播种，可分为室内苗床播种和室内容器播种。在设施内特别是在可控制温度的温室内进行播种，与上述两种没有设施的播种相比较，具有更多的好处。如能够避免不良环境造成的危害，节省种子，使种子发芽快速、均匀、整齐，幼苗生长健壮，减少病虫的发生，使供应特殊季节和特殊用途的生产计划得以实现等。

目前，园内外广泛采用用穴盘进行播种育苗。

穴盘又叫联体育苗钵，由聚苯乙烯泡沫、聚乙烯醇等材料制成，具有很多小孔（或称塞子）。小孔呈塞子状，上大下小，底部有排水孔。在小孔中盛播种育苗基质，可人工或用播种机播种，每穴播 1 粒种子。当培育出的幼苗到一定的大小后，不进行移植，而是直接定植或上盆。长成的幼苗均匀一致，根系发达，定植或上盆时根系连同以泥炭为主的基质可一起完整脱出，种植后极易成活，生长好，而且整盘储存运输很方便，适于专业化、工厂化、商品化生产，成批出售。

模块二　分生繁殖

无性繁殖是指利用植物的营养器官进行的繁殖，又叫营养繁殖。无性繁殖可分为分生繁殖、扦插繁殖、压条繁殖、嫁接繁殖、孢子繁殖和组织培养繁殖，一般所说的无性繁殖主要是指前面4种。用分生、压条与扦插方法繁殖出来的苗，常称为自根苗，作为砧木时称为自根砧；用嫁接法繁殖出来的苗，称为嫁接苗；用组织培养的方法繁殖出的苗，称为组培苗或试管苗，也属自根苗。

分生繁殖是最简单、最可靠的繁殖方法，具有成活率高、成苗快和开花早的特点，但繁殖系数低。分生繁殖主要用于多年生草花以及一些木本花卉，通常又分为分株繁殖和分球繁殖两种方式。

一、分株繁殖

分株繁殖是将已具备茎、叶（或芽）和根的个体，自母株中分出成为独立植株的繁殖方法。分株繁殖根据萌发枝的来源不同，可分为以下几种。

1. 分根颈

在园艺上，根颈通常指靠近地面、产生新枝的部分。有主干的乔灌木，根颈主要是指靠近地面，作为根与茎过渡的地方。多年生草本植物的根颈是植株每年生长新枝条的部分，其根颈包括许多分枝，每个分枝的根颈又是当年生长茎的基部，它来源于上一年枝条基部。这些分枝是从老主茎基部产生的，沿着新枝基部发生不定根。这些新枝在当年开花或者以后开花，花后枯死。每年产生新枝以及老枝枯死的结果是，根颈在数年之内会扩展增大。

多分枝的灌木可能发育成强大的根颈。虽然个别的木本茎能存活多年，而新的、活力强的枝条不断由根颈发生，并最终将老枝排挤掉。如果不加修剪，这样的灌木就会发育成很大的密植丛。在正常处理下，老枝经常被修剪掉，为新的更有活力的枝条让出空间，如月季、茉莉等。

对于多年生草本植物，根颈分株是主要的繁殖方式之一。由于分出的植株都带有根和茎，因此操作简单易行，成苗快，成活率高，不过繁殖系数低。在一般露地栽培时，许多多年生草本植物也应该每 2~3 年分根颈 1 次，以防止植株过分拥挤。盆栽的植株长满盆时即应进行分株。根颈分株也可扩大到灌木，如月季、茉莉、石榴等。

分株的时间是影响分株的最重要的因素。花卉种类不同，分株的适期也不同。木本类的分株适期，通常与其移植适期相同，如落叶木本宜早春进行，而常绿木本宜春季至雨季进行。对于多年生草花来说，在夏季至秋季间开花的种类，宜在春季进行分株；在春季至初夏开花的，一般在秋季进行分株。对阴生观叶植物，可于春季生长即将旺盛之时开始至夏季进行分株。对一般温室栽培植物，宜于春季生长即将旺盛之时进行分株。决定分株适期的另一考虑因素是花卉的耐寒力与耐热力。如非洲菊、非洲百合等耐寒力弱的种类，若在秋季分株，易在寒冷冬季受到伤害。而如耐热性差的报春花类，宜趁花谢之前立即分株，若延至暑夏时才分株，成功概率则会降低。

多年生草花分株时，可把植株整株挖起，散去泥土，用利刀把带根的植株从根颈处切下。如果希望得到大的植株丛或尽快成形，可以利用老根颈的一部分，连带几株一起切下。

灌木进行分株时，将全株连根挖起，脱去根部泥土，用利刀、剪、竹刀或小斧分割根颈，也有不挖出植株而用利铲插入土中切下后挖起带土团移植的。分株时通常 2 株或 3 株连在一起，栽植后更容易成活。如果单株分割，则通常每株至少需有两三个枝条以上，而且分割栽植后的管理也需特别注意，否则失败的概率较大。另外在灌木分株后，还要注意对地上部枝叶进行适当修剪，根太多时也可对根进行适当修剪。

2. 分根蘖（根出条）

根蘖通常是指由根上的不定芽生长的枝条，其基部也往往会长出新的根。分根蘖就是把根上长出的带新根的枝条，挖起剪离老根后再重新栽植，如宿根福禄考、蜀葵、龙吐珠、六月雪、凌霄花等。对于能产生根蘖的植物，也常把根切段进行扦插繁殖。

3. 分走茎与匍匐茎

走茎是一种特化的茎，它由植株根颈处的叶腋生出，节间较长不贴地面，在茎顶或节上会长出新的植株。分走茎就是把走茎上根系发育良好的新株挖起，剪离走茎后再重新栽植，如吊兰、虎耳草、草莓、趣蝶莲等。

匍匐茎是某些植物上产生的特殊变态的茎，从植株根颈上长出，水平地生长在地面，茎上有节，不同种类节间长短不一（短的也称为短匍匐茎），节部易生根长芽，产生小植株。分匍匐茎就是把匍匐茎节上的生根小株，分离下来再重新栽植，如天门冬、沿阶草、一叶兰、禾本科的草坪草等。

4. 分吸芽

吸芽一般是指具有短缩而粗的茎的莲座状植物，如观赏凤梨、芦荟、景天、拟石莲花等成熟植株根际或茎基部自然长出的新株。

分吸芽的办法是用利刀在靠近主茎或根际处把吸芽切下。如果吸芽已生根良好，可直接进行栽植，与生根插条处理一样。如根生长不充分甚至无根，可将植株置于适宜的生根基质中作为带叶扦插来处理。

二、分球繁殖

分球繁殖通常是对球根花卉而言，利用其球根（包括鳞茎、球茎、根茎、块茎和块根）来进行繁殖的方法。许多兰花具有假鳞茎，所以这里也把它们的分生繁殖作为分假鳞茎来介绍。

1. 分鳞茎

种植之后能够开花的鳞茎称为母鳞茎，其内有花芽。母鳞茎的鳞片腋内有腋芽，把母鳞茎栽植后，第二年可从腋芽中形成一个至数个小鳞茎，这些小鳞茎有时也叫旁蘖。在植株进入休眠后，把这些小鳞茎与老鳞茎一起挖起，分离开（或栽植前再进行分离），然后进行储藏，到休眠期过后单独栽植即可，如郁金香、水仙、百合等。

鳞茎类花卉还可以用鳞片扦插、叶片扦插、基部切割、分割鳞茎等方法，来形成小鳞茎或促进小鳞茎的形成。

2. 分球茎

最常见的是唐菖蒲（剑兰），其母球茎种植后，会形成一个或几个与母球茎大小差不多的新球茎，还有许多个比新球茎要小的小球茎，特称为木子。在植株叶子干枯休眠后把球茎挖起，单个分离开来储藏，待休眠期过后把新球茎和小球茎单独栽植即可。不过小球茎需要再生长两三年，才能达到开花的大小，即成为开花球。

3. 分根茎

根茎是一种特化的茎结构，沿地面以下或地表面呈水平方向生长，节上有芽，芽可萌发成枝，下部长出不定根。如姜花、美人蕉、荷花、睡莲等球根花卉，根茎肥厚粗短，可在冬季休眠后春季种植前，把根茎分割成段，每段带有 2~3 个芽或芽眼，然后进行种植，让其萌芽发根。这种繁殖方法其实也是一种特殊的扦插繁殖。

不少宿根及木本常绿花卉，如虎尾兰、蜘蛛抱蛋、许多蕨类植物、竹类等都具有根茎，大小和长短不一。在生长期，可把它们的根茎挖起，同样分割成至少带有 1 个芽或芽眼的段，然后进行种植。由于这些植物生长时间长了往往会变成丛生状，所以在实际繁殖时，少用根茎切段扦插，而是在丛生株丛中，把单个植株从根茎上分割下来重新种植，这种繁殖方法相当于分株，有的书里也把其作为分株来介绍。

4. 分块茎

如花叶芋、仙客来等块茎类花卉，可在休眠期后用整个块茎进行种植，或者把 1 个大的块茎切成几块小块再种植，但每小块须带 1 个或几个芽或芽眼。种植前要让伤口愈合及用杀菌剂处理，防止其发病腐烂。

5. 分块根

如大丽花其侧根能膨大形成块根群，每个块根靠近根颈处含有芽。休眠后把植株连同整个根群挖起储藏。休眠期过后，把每个块根从根颈处分割下来，单独栽植即可。

6. 分假鳞茎

假鳞茎是一种特化了的储藏营养结构，由一个到几个膨大肉质的茎节所组成。许多兰花具有这种结构，叶子着生其上，因种类不同，假鳞茎的外形也有所不同。

假鳞茎是在生长季节由水平根茎上侧生或顶生的生长部位直接长出来的，基部有根。分假鳞茎时，把假鳞茎连根从母株根茎上切下，再进行栽植即可，但通常要有几个假鳞茎一起切下才容易种植成功。不同兰花分假鳞茎的适期不同，通常盛夏开花的品种，宜于秋季分；冬天开花的品种，宜于春季分。如果不是在盛夏或冬天开花的，则宜于花后或新根生长约 0.5 cm 长时再分。由于假鳞茎生长在根茎上，所以分假鳞茎实际上也是属于分根茎繁殖的一种特别类型。另外由于兰花往往成丛生长，因此有的书把其作为分株繁殖进行介绍。

模块三　扦插繁殖

扦插繁殖是指利用植物营养器官能产生不定芽或（和）不定根的能力，将茎、根或叶的一部分或全部从母体上剪切下来，在适宜的环境条件下让其形成根或（和）新梢，从而成为一个完整独立的新植株的繁殖方法。剪切下来的部分称为插条或插穗。扦插是花卉一种重要的繁殖方法，无论是木本还是多年生草本都广泛应用。根据所取营养器官的部位不同，又可分为枝插、叶插、叶芽插和根插四种。

一、枝插

枝插又叫茎插，是用带两个以上芽的枝条或茎作插穗的扦插方法。枝插在扦插中应用最广泛。

1. 影响插条生根的因素

（1）内在因素

俗话说：有心栽花花不开，无心插柳柳成荫。花卉种类不同，枝插生根的难易也有所不同。如一般体内生长素含量多的种类插条较容易生根，所以生产上常用人工合成的生长素来处理插条基部，以促进生根。

插条是否容易生根，还与母株的生理状况、年龄、枝龄、枝条的部位、采插条的时间、插条的长短、插条的叶面积等有关系。

（2）外界因素

1）空气湿度

对于一般的带叶扦插，插条在生根前干枯死亡是插条失败的主要原因。叶片能进行光合作用制造碳水化合物和生长激素，所以插条上叶的存在是刺激插条生根的强有力因素。但是因为插条无根，无法像在母体上时那样正常获得水分，而叶仍然进行蒸腾作用会使插条失去水分，所以叶的存在又导致插条可能因失水而枯死。因此，通常插条叶面积越大，插条干死的可能性也越大，特别是对于生根慢的种类。一般在实际扦插时，应限制插条上的叶数和叶面积，一般留 2~4 片叶，大叶种类还要把叶片剪去一半或一半以上。

叶片蒸腾作用的强弱与空气相对湿度有密切关系，湿度越大蒸腾越小。扦插时通常采用喷水、喷雾、塑料薄膜覆盖等措施，都是为了增加空气湿度，以减少插条的失水。如果能够用不断喷弥雾的方法来保持极高的空气湿度，叶子蒸腾失水就少甚至不失水，插条多带叶子也没有问题，叶子多就能制造更多的碳水化合物和生长素，这样不仅成活率很高，而且生根质量好。

2) 光照

对于带叶扦插，光合作用产物及生长素对于根的孕育和生长非常重要。必须有足够的光照强度和时间，以便碳水化合物在呼吸消耗之余有所积累，并制造更多的生长素。无叶的硬枝插，则依赖插条本身所储藏的碳水化合物。

光照强意味着光合作用也强，但是光照强会导致温度提高，蒸腾作用增加，插条易失水干死。所以一般带叶扦插时都要放在阴凉处或进行遮阴，避免阳光特别是夏季强烈阳光直射。如果能用弥雾法进行扦插，因为插条不易失水干死，所以无须遮阴而可处在阳光下。

3) 温度

白天气温 21~27℃ 与夜温 15℃，对大多数花卉种类的插条生根来说是适宜的，有些种类温度低一些更好。过高的气温促使芽在发根前发育（植物本身发芽的温度要比发根的低），同时增加叶片上水分的损失及呼吸作用。根的发育应在新梢发生以前，这是很重要的。为了在生根前抑制芽的发育，采取让插条基部的温度高于气温的办法是有利的。所以在温室大棚苗床扦插时，可在苗床下安装加底温设备，通常控制基质温度高于气温 3~6℃。

4) 扦插基质

用于培育扦插材料生根的物质叫扦插基质或生根基质。虽然很多花卉种类在各种基质中都很容易生根，但不同花卉种类特别是生根困难的种类，基质对其生根有很大影响，不仅影响到生根百分率，而且影响到形成根系的质量。良好的基质要求具有不含有害生物（以减少切口感染病害的机会）、保水性好（能持续供给插条水分，减少浇水的工作量）、透气性好（保证有足够的氧气让插条基部的细胞组织进行呼吸）等特点。由于插条无根，因此扦插期间基质可完全不需要含有养分。

土壤是落叶硬枝插和根插最普遍的基质，但最好先进行消毒。使用通气良好的沙壤土比使用黏重土要好，可以提高插条的生根率和根的质量。对于多汁的绿枝和半木质化的插条来说，土壤通常不是一种很合适的生根基质。

供建筑用的河沙常用来作为扦插的基质之一，其排水透气，廉价而容易得到。缺点是保水性差，必须经常补充水分。与使用其他生根基质一样，最好只使用一次，如需再用必须再经过消毒。

将泥炭或水苔加入沙中，又构成了一种基质。加入泥炭或水苔主要是为了增加保水性，这种混合基质对很多花卉种类的插条生根是很适宜的。混合基质有不同种类，从 2 份沙和 1 份泥炭到 1 份沙和 3 份泥炭都可以。要注意的是泥炭过多也会造成水分过多，易产生根死亡。用泥炭与相等的沙土混合也常用来作为扦插基质。一般新的泥炭本身不带微生物。

蛭石与珍珠岩也常用来作为带叶扦插的生根基质，它们既保水又透气而且干净，缺点是成本高。一般把蛭石与珍珠岩混合起来的效果要比用单一材料好。它们也可加至沙中，一起作为扦插基质使用。

有些花卉种类可在水中进行扦插或在湿度饱和的空气中生根。

扦插繁殖的苗床或容器应有足够深度，可放入约 10 cm 深的生根基质。一般插条长度为 5~13 cm，插入深度为插条长的一半，插条基部距苗床底应有 2.5 cm 或更多些。

2. 生长调节剂处理促进生根

在生产上常用人工合成的生长调节剂来处理插条基部，不仅生根率、生根数以及根的粗度和长度都有显著提高，而且生根期缩短，生根整齐。常用的生长调节剂有吲哚丁酸（IBA）、萘乙酸（NAA）、吲哚乙酸（IAA）、2,4-D、三十烷醇等生长素类物质。大部分插条生根用吲哚丁酸和萘乙酸，特别是前者值得推荐。如果把二者等量混合起来使用比单独用一种效果更好，生根百分率更高，根数更多。目前生产上常用的 ABT 生根粉，就是多种生长调节剂的混合产物。市场上出售的促进生根的商品统称为生根剂。

生长调节剂可配成液剂或粉剂。液剂的配制方法是先把药品溶于少量95%的酒精（因药剂不溶于水，100 mg 药剂可加 10 mL 酒精），然后再加水配成一定浓度。草本类浓度为 0.000 5%～0.001%，木本类为 0.004%～0.02%（易生根的种类浓度可低些，难生根的可高些）。处理时把插条基部浸在溶剂中 24 小时（浸时不要放在阳光下），然后再扦插。液剂容易失效，应随配随用。液剂还可以配成高浓度，即把药剂溶解于50%酒精中配成0.5%～1%的溶液，把插条基部浸入药液约 5 秒钟即进行扦插。用低浓度与高浓度溶液处理的效果没什么差别，但后者可省去浸插条所需的设备并大大缩短处理所需的时间。

粉剂的配制是先把药剂溶于少量酒精中，向酒精溶液中加入所需滑石粉体积 2 倍的开水混匀，再把它倒入滑石粉中搅拌均匀，摊在瓷盆里在黑暗中晾干，最后磨混成极细的粉末。一般的插条种类配成的粉剂浓度为 0.05%～0.2%，对生根较难的则配成 1%～2%。使用时先将插条基部（切口应为新切的）用水蘸湿，再沾粉剂即可扦插。为防止插条插入基质时把粉剂擦掉，基质要先用细棍插个洞或开沟。用剩的粉剂应丢弃，不可留待以后使用。

3. 枝插的种类与方法

按照所取插穗的性质不同，枝插又可分为 4 种：硬枝（扦）插、半硬枝（扦）插、软枝（扦）插和草质茎（扦）插。有的书把后两者归在一起作为软枝（扦）插。

（1）硬枝（扦）插

硬枝（扦）插又称老枝扦插，是指在休眠季节（晚秋、冬季或早春），选取完全木质化的一年生枝条作为插穗的扦插方法。落叶木本花卉繁殖大都采用硬枝插，如石榴、紫薇等。

插条最好是采用枝条的中间和基部。插条的长度为 8～20 cm，至少应包括 2 个节，基部的切口常常是恰好在节下面，顶部切口在节上的 1.3～2.5 cm 处。对于节间短的种类插条基部切口位置可以不考虑。

插条可以有 3 种不同的类型：槌形插、踵插和直插。槌形插是在插条基部带有一小段老枝，而踵插则带有很小一块老枝，这两种方式对于不少种类更易生根。而直插是不带任何老枝，是最普遍的方法，大多数情况下能获得满意的结果。

（2）半硬枝（扦）插

半硬枝（扦）插是指在生长期，选取当年生的半木质化枝条作为插穗的扦插方法。半硬枝插大多用于常绿阔叶树种，多种灌木如茶花、海桐、常绿杜鹃、米兰、茉莉、月季等也普遍采用。从春至晚秋都可采插条扦插，最好在一个生长高峰过了以后，枝条已部分成熟，这时采取插条生根最容易。

插穗长7~15 cm，上端叶片保留，如果叶片很大应去掉一部分，以免过多损失水分和节省插床面积。常用枝梢作为插穗，从枝条的基部采条也能生根。基部切口常在节的下方。最好在凉爽的早晨枝条细胞充满水时采插条，扦插前置于阴湿处。扦插时深度为插穗的一半长度。

带叶插条必须设法减少叶片蒸腾作用才有利成活。常用方法有喷水、喷雾、放在阴凉处、用塑料薄膜或玻璃覆盖等，采取喷弥雾法最佳。插床底部加温和生根剂处理插条能促进生根。珍珠岩和泥炭各半混合、珍珠岩、蛭石等作生根基质都可得到很好的效果。严格来说，半硬枝插以及所有的带叶扦插，除基质干净外，刀剪等工具、插穗本身、操作台、苗床或容器等必须干净或经过消毒。

（3）软枝（扦）插

软枝（扦）插又称嫩枝（扦）插、绿枝（扦）插，是以落叶或常绿木本植物春季刚长出的柔嫩多汁的新梢作插穗的扦插方法。

软枝插通常比其他扦插法容易而且迅速，但要求较多的设备和培育。因插穗带叶，防止干燥极为重要，应尽量给予高湿度的条件，喷弥雾最佳。大多数种类的生根期插床底部温度最好在23~27℃，叶面部分21℃。大多数情况下软枝插穗2~5周后生根。一般用生根剂处理促进生根效果很好。

从母株上选取适当类型的插穗，对软枝插很重要。花卉种类不同，插穗类型各不相同。不宜采用生长极迅速的柔嫩新梢，因其在生根前易腐烂；较老的木质茎生根很慢或很快落叶而不生根，也不宜采用。最好的插穗材料是完全成熟而有些弹性，急弯时会折断的枝条。瘦弱的内膛枝和过旺过粗的枝条都不适用。在充分光照下生长中庸的枝条或侧生枝最好。将母株主枝剪短可促进发生许多侧生新枝，其新生枝梢可用作插穗。

插穗长 5~13 cm，具有 2 个或多个节。基部切口常在节的下方。上部叶保留，下部叶剪去。大叶片还要剪去部分，以减少失水和节省插床面积。插穗上有花的要把花和花芽除去。插穗一半长插入基质中。

最好上午采穗，采后保湿，放在冷凉处，可包在洁净的湿麻布内或大塑料袋中。不要把插穗放入水中保鲜，不要放在阳光下，因为几分钟的日晒就会对插穗造成严重的伤害。

(4) 草质茎（扦）插

草质茎（扦）插是对草本花卉而言，把其草质的嫩茎剪切下来作为插穗的扦插方法，如彩叶草、菊花、天竺葵等。插穗长 5~10 cm，顶端带有叶片，但也有不带叶片的，如花叶万年青类。

草质茎插与软枝插要求同样的采穗处理和条件，特别是高湿度。基质加温也有效。条件适合时生根很快，生根率也很高。虽然不必生根剂处理也易生根，但用生根剂处理后可使生根迅速一致并发育较多的根系。草质茎最容易发生基部腐烂，所以刀剪等要消毒干净，基质也务必干净及排水透气。

仙人掌类与多肉植物的草质茎含有较多水分，与一般的草质茎扦插有所不同，插穗要晾干 1~2 天让切口愈合再进行扦插。用沙作为基质，插后不需要频繁浇水，空气湿度不必高。

二、叶插

叶插繁殖是利用植物叶片或叶片的一部分，或者是叶片加叶柄，让其长成 1 株或几株新的植株的繁殖方法。叶插只适合叶能发生不定芽和不定根的植物，这些植物大都具有粗壮的叶柄、叶脉或肥厚的叶片，其中以多肉植物为多。叶插是在所取叶部分的基部发生不定根和不定芽，原来的叶部分不可能变成新植株的一部分，而是慢慢枯萎。

不少多肉植物可用叶插。多肉植物有的叶子有叶柄，有的叶子没有叶柄。叶插时，把充实饱满的叶片连同完整的叶柄用手采下（有些种类若用利刀切，因无法带完整的叶柄基，反而不易发根），没有叶柄的直接把叶片采下，然后把其置于阴处 1~2 天让伤口晾干愈合，之后再放于基质（用河沙作基质为多）表面或插入基质当中。放于基质表面就能生根的有莲花掌属、石莲花属、青锁龙属、景天属等的种类；插入基质中生根的有沙鱼掌属、十二卷属、虎尾兰属等的种类。多肉植物因为体内含水多，叶子除了在插前须晾干伤口外，插后也不要太频繁地浇水，也不需要高的空气湿度，否则插穗反而容易腐烂。

除了多肉植物外，其他类的观赏植物也有一些可用叶插繁殖。例如对于非洲紫罗兰，插穗可以是带叶柄的叶片，或者只有叶片或叶片的一部分，扦插后在叶片中央主脉部分或是在叶柄基部形成新的植株。再如大岩桐和豆瓣绿，均是带叶柄的叶插，把叶柄浅插于基质中，叶片立于基质上，在叶柄基长出新的植株。所举例的这些植物的叶插，必须与绿枝插和草质茎插一样，具有高湿的条件下方能生根，还需适宜的温度。使用生根剂处理对生根是有帮助的。操作工具要消毒，基质也务必干净、疏松排水。

三、叶芽插

叶芽插是指利用带有一个完整叶和腋芽的一小段茎或茎的一部分作为插穗的扦插方法。可用此法繁殖的有菊花、茶花、杜鹃、绣球花、橡胶榕等。叶芽插由于包含有茎的部分，所以实际上也可作为茎插的一种特别类型，因只带 1 个芽，故又称单芽插。因为每 1 节都能用来作为 1 个插穗，所以在繁殖材料珍贵时，叶芽插更具意义，比一般的茎插能提高至少 1 倍的繁殖数量。

叶芽插使用的插穗芽应饱满，叶片应生长旺盛。用生根剂处理可促进生根。最理想的扦插基质是沙，或者是沙与水苔各半混合，将插穗的芽插入基质中 1.3 ~ 1.5 cm 深。插床尽量加底温以促进生根，并且需要高空气湿度。

四、根插

根插就是利用根作为插穗的扦插方法。根插只能用于在根上能够产生不定芽的种类，如龙吐珠、凌霄花、紫藤、补血草等。在冬末或早春当根部储藏了很多养分而又未开始新的生长时，从幼年母株上取根段来繁殖可以得到最好的结果。应避免枝叶生长最旺盛的时候取插穗。

插穗的长度，细根种类以 3 ~ 5 cm 为宜，平放于基质（沙或细土）上，再覆一层基质掩盖；粗根种类以 10 cm 左右为宜，垂直插入基质中（插穗不能插反），上方与基质面齐或稍低。浇水后上面盖塑料薄膜或玻璃防止干燥，直至开始萌芽。根插的地方应遮阴。待植株充分生长后进行移植。

五、扦插后的管理

1. 生根过程中插穗的管理

苗圃或田间露地硬枝插或根插仅要求与种植花卉时相同的管理方法，如适宜的土壤水分、无杂草、防治病虫害等。苗床最好建立在有全光照的地点。

带叶软枝插、草质茎插、半硬枝插、叶芽插或叶插在高湿度下才易生根，整个生根过程须要密切注意，插条在任何时候都不能出现萎蔫。如果插穗萎蔫时间稍长，所造成的伤害就会不出根，无论随后湿度恢复得怎样高也不行。

插床内要保持清洁，落下的叶和死去的插条均应立即清除。高湿、密闭且光线弱的环境易于病原物的繁殖，如不加以控制，大量插条会毁于一旦。如果插条上发生螨类、蚜虫或粉蚧，必须立即采取控制措施。

2. 生根后插穗的管理

（1）硬枝插插穗的管理

在苗圃内已生根的硬枝插条，大多数于落叶休眠后掘出。生长快的插条 1 年即能达到可移植的大小，生长慢的可能需要 2~3 年才能达到可移植的大小。

起苗最好选无风、冷凉而有云的天气进行。土壤（特别是黏质土）湿重时不能起苗。苗挖出后根上的土都应去掉，并迅速假植，或进行冷藏，或立即定植。所谓假植就是将植株裸根密集地放在沟中，用沙、刨花等把根覆盖，浇上水。这是在定植前保护苗木的临时措施。

（2）软枝插、半硬枝插、草质茎插、叶插和叶芽插插穗的管理

带叶插条在高湿下生根，移出基质后需要细心的照料。生根开始后要降低湿度并使床面通风。当根系多并有二次根形成时应立即移出。很多花卉繁殖者都有这样的经验，插条生根快的，掘出并上盆后往往死亡。可采取晚些掘苗，等到初生根上长出浓密的侧根，侧

根与基质成为一团时再进行移植。

大多数生根基质中很少或根本没有矿质营养，因此插条赖以生长的营养物质全靠枝条内原来储藏的和新生叶片制造的，这点营养足够维持插条生根期间的需要。有些种类在移苗前10天浇以营养液是有帮助的，特别在延迟起苗使其发出二次根时更为必要。如果生根插条长时间不能移出，其间应浇数次营养液。

起苗时用花铲或类似工具小心地将苗从基质中取出，尽量不要伤根，多带些基质，基质中若含有蛭石、泥炭等是可以做到的。大部分根长到 2.5~5 cm 长时可以起苗上盆。

幼苗上盆后应立即浇透水，然后在有遮阴、潮湿的地方放置数天进行缓苗。把上盆的幼苗放在原来扦插条件下数日最好。如果在喷弥雾下生根的幼苗，必须给予特别的注意，以使其逐渐适应栽培场所较干燥或干燥的空气。

模块四 压条繁殖

压条繁殖是当植物的枝条还在母株上时让其形成不定根，然后再把枝条与根一起切离母体而成为独立植株的繁殖方法。压条繁殖时枝条还留在母体上，木质部没有被切断，所以水分和矿质营养仍然可由母株供应，因而其成活与否不像扦插繁殖时的插条那样决定于生根前枝条能维持时间的长短，这就是为什么许多植物的压条繁殖比扦插繁殖更容易成功的一个重要原因。压条繁殖适合于扦插难生根的种类，因压条繁殖时的操作比扦插的更复杂，而且繁殖系数更低，所以用扦插繁殖容易成活的就无须进行压条繁殖。

压条繁殖时要先对茎进行处理，如把韧皮部切断一部分或全部，这样使得茎上叶片制造的碳水化合物和茎尖产生的生长素往下运输受阻，这些物质积累在处理点的附近，在遮光条件下处理点孕育和形成了根（压条基部决不能暴露在阳光之下）。

如同插条一样，用生长调节剂如吲哚丁酸处理压条的伤口，也可促进生根。所用的刀等工具必须干净无菌。常见的压条法有下面几种。

一、单干压条

单干压条又称普通压条，是将枝条压埋入土中，让枝条顶端暴露在地面上。实际操作时把枝条离顶端 15~30 cm 处急弯成垂直状态，或者弯成斜弯状态，保持这种状态把弯曲部分埋入土中，埋土深度 7.5~15 cm（见图 3—1）。为防止弯曲枝条反弹翻出，可用木钩、铁丝或石块来固定住压条，并在急弯垂直露出土面部分的枝梢旁设立支柱，使之保持直立状态。过一段时间，弯曲的地方可完全生根，在实际繁殖时常先把弯曲处刻伤或环剥，用来促进生根。

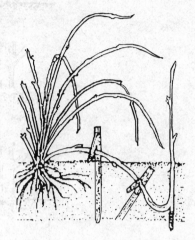

图 3—1　单干压条法（俞玖，1988）

单干压条主要适合枝条柔软的藤本和灌木花卉，如紫藤、凌霄花、迎春花、绣球花、月季等。压条的时间常在早春，常用休眠的一年生枝条进行压条，超过一年生的枝条用于压条通常不令人满意。选用生长较低的、容易弯曲的枝条来压条。压条时间也可延迟至较晚的生长季节，在当年枝条生长至足够长度和硬度时再进行。这个时期的压条，也可以用于一些常绿种类，如杜鹃、茉莉、木兰、常春藤等。当压条生根后，挖去表土，把压条苗剪离母株，然后和同种花卉的生根插条一样进行移植。

春季的压条通常在夏末即可生根，在秋季进行移植或在第二年春季开始时移植。在夏季用成熟枝条进行压条的，要经过冬季于第二年春生长开始前进行移植，或者留至第二年生长季末期再移植。

二、多段压条

多段压条又叫波状压条、重复压条，主要用于枝条长、容易弯曲的藤本和灌木，如金银花、紫藤、凌霄花、迎春花、铁线莲、藤本月季、常春藤等，是将枝条弯曲成至少两个弯，似蛇曲状，每个弯像单干压条一样处理（见图 3—2）。这样 1 个枝条就可以压出 2 株以上的新株。

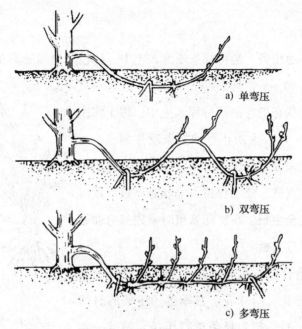

a) 单弯压

b) 双弯压

c) 多弯压

图3—2　单干压条与多段压条法（杨松龄，2000）

三、空中压条

空中压条又叫高枝压条、高压法、中国压条法，是将空中枝条欲生根部位进行环状剥皮，伤口用基质包裹并保湿让其生根，再将生根枝条剪离母体另行栽植的繁殖方法。

空中压条可用于繁殖一些热带及亚热带的乔木和灌木，有些温带花卉也可用此法，常见的有桂花、石榴、茶花、米兰、月季、含笑、杜鹃、白兰、木兰、冬青、橡胶榕等。可于春季在上一年生长的枝条上进行，或在夏末部分木质化的枝条上进行。在某些场合可以用一年以上的老枝，但生根并不好，而且生根后这样粗的压条，操作上也比较困难。在压条上如有许多生长的叶片可加速根的形成。

空中压条的第一步是在茎上进行环状剥皮，依花卉种类而定，在离茎尖12~30 cm的地方进行，环剥的宽度为1~2.5 cm，从茎的周围移去树皮，用刀刮移去树皮后的暴露面，以完全除去韧皮部及形成层，从而阻止上下部分再愈合。在暴露的伤口处涂敷刺激生根物质，如吲哚丁酸，是有利的。

然后用两把稍微湿润的基质，放在茎的周围包裹在环剥口上。基质可用水苔、泥炭或壤土，前两者如果太湿可能引起茎组织的腐烂。再用一块 18~25 cm 见方的塑料薄膜小心地将基质完全包住，上下两端用绳等扎紧，使基质保湿。如果绑扎不紧则基质易干，需补充水分，因为生根基质需一直保持湿润。包扎完后，压条应当缚在邻近的枝条上，以其作为支柱，或者直接在地上立柱绑缚，以防被风折断。

剪离母体移植空中压条的时间，最好是根据根的形成情况而定，可以通过透明的薄膜观察到根的生长情况。一些花卉种类在 2~3 个月或更短一些时间内即能生根。春季或初夏做的空中压条最好一直到生长缓慢或休眠时再进行移植。冬青、杜鹃、木兰等应让其经过两个生长季节再移植。

移植时，把苗从包裹薄膜下方剪下，小心解去薄膜，尽量保持基质完整，避免根系受损。压条枝叶如果较多较大会引起移植困难，通常可进行修剪，使之与根部平衡，如管理得当也可不进行修剪。压条株可种植在适合的容器内，在生长期移植的要放在阴湿处缓苗数天。

模块五　嫁 接 繁 殖

嫁接是将一种植物的枝或芽，嫁接到另一种植物的茎和根上，使两个植物部分结合起来成为一个整体，并像一株植物一样继续生长下去。在嫁接组合中，上面的部位称为接穗，下面承受接穗的部分叫作砧木。嫁接在木本花卉上应用广泛，草本花卉并不多，主要是菊花。与前面介绍的几种无性繁殖相比，嫁接繁殖操作比较烦琐，技术要求较高。嫁接繁殖的意义作用主要有如下几个方面。

第一，与自根苗相比，嫁接苗特别是实生砧嫁接的苗具有更强的适应性和抗逆性，还有生长快、树势强、开花结果早等特点。所以像切花月季虽然也可进行扦插和压条，但是在实际生产中它们都是使用嫁接苗。'花叶'垂榕、花叶类橡胶榕等也常用嫁接繁殖。

第二，罗汉松、金钱榕、垂榕、蟹爪兰、仙人指、仙人球类等花卉，常通过嫁接来进行造型，增加观赏价值。菊花则通过嫁接来制作悬崖菊、塔菊、大立菊等。

第三，茶花、月季、簕杜鹃、仙人掌类等，一株砧木上可以同时嫁接几个不同的品种甚至种，大大增加观赏性、新颖性或趣味性。

第四，一些不能用扦插、压条和分株这些无性方法繁殖保存的花卉，可通过嫁接进行繁殖保存。

一、影响嫁接成功的因素

1. 砧木与接穗的嫁接亲和力

嫁接亲和力是指砧木和接穗经嫁接能愈合并正常生长的能力。具体指砧木和接穗内部组织结构、遗传和生理特性的相似性，通过嫁接能够愈合成活以及成活后生理上相互适应。

一般来说，亲缘关系越近的，亲和力越强，同品种或同种间的亲和力最强。同属异种间的嫁接亲和力因种类而异。

2. 砧木和接穗的形成层部分有大面积的紧密接触

对于木本植物来说，通常把它们的茎分为树皮（在植物学上树皮向内的部分称为韧皮部）和木材（在植物学上称为木质部）两部分。在树皮与木材之间有一层形成层，形成层的细胞能够进行分裂。嫁接时接穗和砧木的形成层首先必须互相接触，让它们分裂产生的细胞能相互融合并连接起来，最后才能嫁接成功。

因此在嫁接时，让接穗和砧木二者形成层完全相吻合是最好的，但实际上这是不可能的，要求尽量多接触即可。要让砧穗紧密接触，可采用缠绕、束紧、钉牢等办法。

3. 嫁接时的温度、水分和氧气条件

温度是细胞高度活动的必要条件。通常因花卉种类不同，在 13～32℃ 的温度范围内细胞可迅速生长。室外嫁接时要选择一年中具有上述温度并且形成层处于旺盛活动的时期，这种条件一般于春季出现。

由于形成层产生的细胞壁薄而饱满，很容易变干而死亡，因此在接合部周围保持高湿度很重要。大部分种类可用蜡将接合部位全部涂封，以保持组织的水分。目前多利用塑料薄膜带作为绑扎材料，也能很好地保持水分。

由于细胞的迅速分裂和生长往往伴随较高的呼吸作用，这就需要氧气。从这点来看，用塑料薄膜绑扎的效果应比涂蜡好。

4. 砧木与接穗的质量

砧木最好选用实生苗，其次使用扦插苗和压条苗，因实生苗根系强大、抗逆性好，而且阶段发育年龄小。接穗的要求见后面内容。

5. 嫁接的技术

除了砧穗形成层要尽量对准外，嫁接中还要求切削面平滑、嫁接速度快（避免削面氧化变色）、涂蜡及时和完全等，否则均易导致嫁接失败。此外，刀剪要经过消毒。

二、接穗的选择与储藏

一般来说，嫁接时接穗的芽要处在休眠期。落叶树的嫁接几乎都在冬末春初进行。接穗可在冬季采集，然后在低温保湿条件下保存，以保持芽不活动，在早春再进行嫁接。

对于常绿树所取用的绿枝或生长旺盛的枝条，在嫁接时应随取随用，不可储藏。常绿阔叶树的嫁接应在初春旺盛生长尚未开始时，选择基部带有数个休眠芽的枝条，一边采一边将枝上叶片摘除，以减少枝条蒸腾失水。

采木本接穗时还要注意，对大多数花卉种类来说，接穗应采自一年生或不足一年的枝条，避免使用生长较老的枝条；枝条上应具有数个发育充实的叶芽，节间要短，避免选用带花芽的枝条；枝条最好是位于树冠或树丛上端，由上一年强剪后发出的，有 60~100 cm 长的充实且成熟的枝条，粗 0.6~1.3 cm 为宜；在每条枝条上，最好选择中间部分作接穗；如有可能，应从不受病虫感染的植株上取接穗，特别要注意的是有病毒的植株要绝对避免采用。

草本花卉及多肉植物嫁接时，接穗也应当随采随用，不可储存备用。

三、嫁接的方法

嫁接一般按所取材料不同，可分为枝接、芽接和根接三大类。其中以枝接和芽接为常见。仙人掌科植物的嫁接比较特殊，在最后单独作为一类进行介绍。

1. 枝接

枝接就是把带有1个或数个芽的去叶枝条作为接穗接到砧木上。枝接的优点是成活率高、嫁接苗生长快，特别是在砧木较粗、砧穗均不离皮的条件下多用枝接。根接和室内嫁接也多采用枝接法。枝接的缺点是，操作技术不如芽接容易掌握，而且用的接穗比芽接更多，对砧木也有一定的粗度要求。

原则上枝接一年四季均可进行，但生产上主要在冬末春初进行，这是由接穗本身的技术要求、砧木的生长情况以及枝接的用途和嫁接成苗情况决定的。南方落叶树多在2—4月进行嫁接。常绿树常在早春发芽前进行，也可在每次枝梢老熟后进行。

枝接的具体方法有许多种，如劈接、切接、插皮接、腹接、舌接、合接、靠接、髓心形成层贴接、置接等。下面介绍几种常见的枝接方法。

（1）劈接

这是一种最古老、应用最广泛的嫁接方式，适用于砧木粗大者，特别适用于树木的高接，无论在小树的主干或大树的侧枝上都可采用（见图3—3）。劈接可在树木休眠期进行，但接合成活率最高的还是在早春，即砧木芽开始膨大、尚未开始生长活动的时期进行。

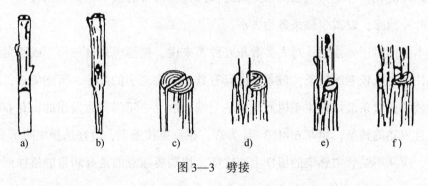

a)　　b)　　c)　　d)　　e)　　f)

图3—3　劈接

a）、b）接穗切法　c）砧木切法　d）插入　e）接穗与砧木粗度一样　f）砧木上接2个接穗

1）砧木处理

将砧木在嫁接部位剪断或锯断。剪或锯砧木时，截口的位置很重要，要使留下的砧木从顶至下有一定长度内无节疤、表面光滑、纹理直通，否则劈缝会不直。剪或锯断砧木后，用劈刀从砧木中心纵劈一刀，深2~5 cm，依种类、砧木大小等而异。劈时不要用力过猛，

可把劈刀放在劈口部位，轻轻敲打刀背。

2）接穗处理

接穗剪成 5~10 cm 长、带有 2~3 个芽的枝条。基部削成楔形，有两个对称的削面，削面长度比砧木的劈口深度短些或相同，所以不一定将楔形的尖端削得很尖。砧木直径大于接穗直径时，接穗外侧要比内侧稍厚，这样当接穗插进砧木劈口后，砧木的夹力会使接穗外侧的形成层与砧木的形成层紧密接触。如果砧木与接穗的粗度一致，接穗的内外侧厚度应一致。

削接穗时，应用左手握稳接穗，右手推刀斜切入接穗。推刀用力要均匀，前后一致；推刀的方向要保持与下刀的方向一致。如果用力不均，会使削面不平滑，而中途方向向上偏会使削面不直。一刀削不平，可再补一刀，使削面达到要求。最好两面都是一刀削成。

3）接合

用刀把砧木劈口撬开，将接穗轻轻地插入砧木，使接穗厚侧面向外，薄侧面向里。插时要特别注意使砧木形成层和接穗形成层对准。在砧木粗于接穗的情况下，砧木的皮层比接穗的厚，所以接穗的外表面要比砧木外表面稍微往里移，这样两者的形成层才能吻合。也可以木质部为标准，使两者的木质部表面对齐，这样形成层也就对上了。如果砧木的直径大大超过接穗的，可在砧木两侧各接入 1 个接穗，以提高成活率。

接合后就进行绑扎或封蜡，要将劈缝和截口全部都包封严实。操作时不要碰移接穗。

菊花属草本植物，在制作悬崖菊、塔菊、大立菊等时，也用到嫁接，用青蒿或黄蒿作砧木，虽然其茎不粗，但也是使用劈接方法。

（2）切接

切接是常用的嫁接方法之一，适用于砧木较小者，普遍用于各种植物。有些种类如花叶垂榕、金钱榕等常在大砧木上均匀嫁接 2 个以上接穗，进行造型或让接穗生长分布均匀（见图 3—4）。

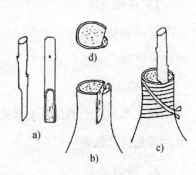

图 3—4　切接（郭维民、毛龙生，2001）
a）接穗切口侧面和正面
b）砧木切法
c）砧穗接合绑扎
d）形成层接合断面

1）接穗处理

把接穗基部削成两个削面，一长一短，长削面削掉1/3以上的木质部，长2~3 cm；在长削面的对面削成长约1 cm的短削面。

2）砧木处理

将砧木从距地面几厘米至20 cm处剪断，再按照接穗的粗度，选择适合的位置，用刀自上而下劈开一条裂缝，深度与接穗的长削面相同。

3）接合

把接穗长削面向里，插入砧木劈口，两者形成层对准靠齐，如果不能两边同时对准，对准一边也可，然后绑扎或封蜡。对一些比较幼嫩的接穗，特别在嫁接常绿种类时，为防止失水，最好用一个小的塑料袋把接穗和接口套住，下面绑紧，待接穗抽生新梢后再把它去掉。

（3）皮下接

皮下接又称插皮接，是把接穗插入砧木的皮层与木质部之间的嫁接方式（见图3—5）。皮下接是针对砧木过粗、接后伤口不易愈合而采用的一种方法，多在春秋两季砧木容易离皮时进行。

1）接穗处理

把接穗基部削成一个2~3 cm长的削面，在削面背面的先端稍削去3~4 mm长的表皮，露出木质部。

2）砧木处理

在砧木的适当部位将上部截去，然后在某一位置用刀尖或小竹签将皮层剥开，皮层过紧时可先将其纵切一刀。

3）接合

把接穗削面向里，插入砧木剥开的皮层与木质部之间，注意接穗削面不可全部插入，应当留0.5~1 cm露出在外，即"留白"以利于愈合。然后用塑料条绑紧，最后用一个小的塑料袋把接穗和接口套住绑紧。

（4）腹接

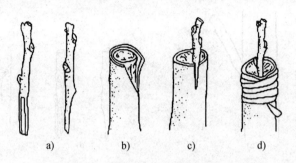

图 3—5　皮下接（郗荣庭，2002）

a）削接穗　b）切砧撬皮　c）插入接穗　d）绑扎

　　腹接是在砧木的腹部进行枝接，开始时砧木上端原封不动，晚些时候或待接穗成活后再把上面砧木部分剪去。腹接适用于针叶树及砧木较粗大者（最好直径在 2.5 cm 左右），在春季至秋季的整个生长期内均可进行，嫁接一次失败后可继续进行补接。腹接也常用于在一株造型植物上促使某一部位产生特别视觉需要的新枝条（见图 3—6）。

　　1）接穗处理

　　接穗剪成约 8 cm 长，需带有 2~3 个芽，同时直径要细一点。在下端削成一个长约 2.5 cm 的楔形，有两个对称的削面，尖端很尖，两面都要削得非常光滑和平整，要用快刀一刀削成。

　　2）砧木处理

　　在砧木侧面适当部位选一光滑处，以 20°~30° 角用刀斜切入，深至砧木直径的 1/3，长约 2~3 cm。

　　3）接合

　　将砧木上部下弯一下，让切口微微张开，然后把接穗插入，尽量让两者的形成层最多地对准，之后放开砧木，砧木可以将接穗夹得很牢，可不用另加绑扎，最后在接口及接穗顶端涂蜡。放开砧木后，也可加塑料条绑紧接口，再用塑料布包裹保湿。

　　上述腹接属于普通腹接，另外还有皮下腹接。其接穗的处理与皮下接相同；在砧木欲嫁接处选一光滑部位，然后与 T 字形芽接（见后文）一样进行处理，再把接穗插入 T 字形切口里，最后绑扎即可（见图 3—7）。

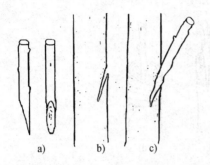

图3—6 腹接（郭维民、毛龙生，2001）

a）接穗切口侧面和正面 b）砧木劈开

c）砧穗接合

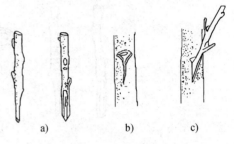

图3—7 皮下腹接（郗荣庭，2002）

a）削接穗 b）削砧木

c）插入接穗

（5）靠接

靠接多用于一般接法不宜成活的种类，砧穗粗度宜相近。靠接常用于罗汉松、金钱榕等造型植物，在枝条上某个或某些部位促使产生特别需要的新枝条，砧木往往明显粗于接穗。由于接穗与砧木一样都保留有自己的根系，所以成活率很高。在春季至秋季的整个生长期内，均可进行靠接（见图3—8）。

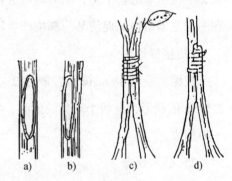

图3—8 靠接

a）接穗 b）砧木 c）常绿树接合绑扎

d）落叶树绑扎剪砧

1）接穗处理

选择充实适当的接穗枝条，于高度与砧木配合恰当之处，削去表层树皮露出大部分形成层及部分木质部。

2）砧木处理

选择与接穗配合的高度处把树皮削去，削面大小与接穗的一致。对落叶树应将砧木上端剪除，常绿树则不必剪除。

3）接合

将接穗与砧木的削面靠合对准，固定绑紧。待完全成活后，才将接穗下部剪断，再把接口上面的砧木枝剪去。

2. 芽接

芽接是指用芽作为接穗的嫁接方法。枝接常用带有几个芽的短枝作接穗，芽接只用 1 个芽和 1 小块带木质部或不带木质部的皮作接穗。

通常采用的芽接方法取决于离皮状况。离皮一词表示皮层容易与木质部分离，是指植物迅速生长，形成层细胞迅速分裂，新形成的皮层容易从木质部撕开的情况。离皮这一时期是从春季生长开始到秋季停止生长为止，可是在缺水、落叶、低温等不利的生长条件下，会使皮层紧缩而严重影响芽接工作。给予砧木植株适当条件以利于芽接是需要慎重考虑的。

虽然在春夏秋三季都可进行芽接，但因为同时需要有合乎要求的发育良好的芽，所以对于大多数花卉种类来说，在北半球一般在三段时间进行芽接：7 月末至 9 月初（又叫秋季芽接）、3 月到 4 月（春季芽接）及 5 月末到 6 月初（六月芽接）。但是在不同的地区、不同种类，芽接时间也并非一定如此。如切花月季在广州常于中晚秋进行嵌芽接，冬季也可，因为月季在广州冬季一般不休眠。

芽接比枝接更省接穗，操作更简单快速，接合口牢固，嫁接适期也长，在接芽不活的情况下砧木仍可进行补接。它还适合在砧木苗比较细的情况下使用。在适宜的条件下如对月季进行 T 字形芽接，成活率能高达 90%～100%。对于切花月季、柑橘属等，均广泛应用芽接技术。

根据接芽是否带木质部，芽接分为盾形芽接和贴皮芽接两类。

（1）盾形芽接

盾形芽接是将芽削成带有少量木质部的盾形芽片，再接于砧木的切口上。根据砧木切口的形式不同，分为 T 字形芽接（见图 3—9）和嵌芽接（见图 3—10）。

1）T 字形芽接

①接芽处理

选取当年生充分成熟的枝条，上面必须具有充实饱满的腋芽，将枝条从母株上剪下，立即剪去叶片，仅保留叶柄（以供操作过程中把持），准备取芽。如果不能立即取芽，需用湿布包住。

在剪下的茎枝上选择中部的饱满腋芽，用利刀在其上方约 0.3 cm 处横切一刀，深入木

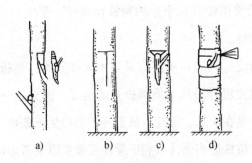

图 3—9　T 字形芽接（李光晨、范双喜，2002）

a）削接芽　b）削砧木　c）插入接芽　d）绑扎

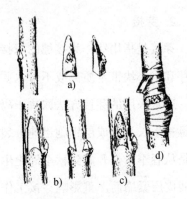

图 3—10　嵌芽接（郗荣庭，2002）

a）削接芽　b）削砧木接口

c）插入接芽　d）绑扎

质部约 0.1 cm，再用刀从腋芽下方约 0.5 cm 处深达木质部向上推削，至腋芽上方的切口为止，然后把住叶柄取下腋芽，并用指甲把芽片里的木质部剥掉，立即含入口中或放在清水里。

②砧木处理

在砧木距地面 5~6 cm 处，选一光滑无分枝处横切一刀，刚好达木质部，再在横切口中间向下切一刀，形成一个"T"字形，其大小应与削下的接芽相一致。

③接合

用刀尖挑开砧木"T"形切口的树皮，把接芽放入，左手拇指按住叶柄向下推芽片。如果推过头了，再向上退一退，直至芽片的横切口与砧木的横切口对齐为止。然后将树皮包回，用塑料条把芽绑紧，需露出叶柄，露芽或不露芽均可（见图 3—9）。

2）嵌芽接

对于枝梢具有棱角或沟纹的种类，或者其他种类砧木与接穗均不离皮时，适宜用嵌芽接（见图 3—10）。当然离皮的也可用此法，速度更快，但成活率较低。

①接芽处理

用刀在所取芽的下方以 45°角斜切入木质部，在芽上方向下斜削一刀，至第一切口。也可先在芽上方切，再在芽下方切。取下盾形芽片。

②砧木处理

砧木的削法与接芽相同，注意使砧木切口大小与接穗芽片大体相近，一般以切口稍长于芽片为好。

③接合

将芽片嵌入砧木切口，对齐形成层，芽片上端露出一线砧木皮层，用塑料条绑紧。

（2）贴皮芽接

贴皮芽接是将芽削成不带木质部的芽片，再贴于砧木被剥皮的切口上。根据砧木切口的形式不同，分为方形芽接、工字形芽接和环形芽接。

方形芽接是在砧木节间平滑处切去一块方形树皮，然后在接穗上切取同样大小、芽位于中央的芽片，将芽片吻合贴于砧木切口上，最后用塑料条绑紧。工字形芽接是在砧木上先削成一工字形切口，再挑开或剥开树皮，在接穗上取接芽片的方法与方形芽接相同，把芽片塞入切口，盖回砧皮，然后绑扎。环形芽接是在砧穗等粗时，在砧木上切去一圈树皮，在接穗上切取一圈同样高的带芽树皮，再贴于砧木切口上，最后进行绑扎。

3. 仙人掌科植物的嫁接

仙人掌类植物应用嫁接繁殖比较广泛，具有生长快、长势旺、繁殖系数大、促进开花、能够保存畸形变异种、对植株进行造型等特点。红牡丹和黄体绯牡丹这两个斑锦变异品种是最常用嫁接繁殖的，因其球体本身没有叶绿素，无法进行光合作用，所以必须通过嫁接才能正常地生长。附生类型的蟹爪兰、仙人指等也常利用嫁接进行造型。

大多数种类在气温达到 20~25℃ 时嫁接成活率最高，但在梅雨季节易感染病菌导致腐烂而不宜嫁接。一般嫁接时间以春至初夏为佳，秋季嫁接也容易成活，但要注意接下来冬季低温的问题。此外嫁接操作最好选择晴天进行。嫁接所用的刀要锋利，削的切口要平滑，接一次后最好用酒精将刀消毒。因为仙人掌类有刺，嫁接时要小心操作，甚至进行除刺。嫁接方法主要是平接与楔接。

（1）平接

平接适合在柱状或球形仙人掌种类上应用（见图 3—11）。嫁接时，先在砧木的适当高度用利刀做水平横切，然后再于切面边缘做 20°~45° 的切削，以防止切面凹陷太多。在接穗下部也进行水平横切，切后立即放置在砧木切面上，让两者的维管束（都在茎中心位置）充分对准（在接穗与砧木的维管束环直径相等时），或者让两者的维管束环有部分相接触（在接穗与砧木的维管束环直径不等时，一般接穗的较小），再用细线、塑料带或橡皮筋纵向捆绑使接穗与砧木切面紧密接触，此外还可以用重物来加压固定。

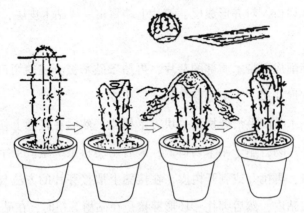

图3—11　仙人掌类的平接（李光晨、范双喜，2002）

一些较细的柱形接穗如鼠尾掌、银纽等，嫁接时常把接穗和砧木斜切，两者切面的长度大致应相仿，然后贴合捆绑。这样做是为了扩大结合面和方便捆绑，也称为斜接。

（2）楔接

楔接又叫劈接，常用于嫁接蟹爪兰、仙人指等扁平茎节的种类，以及以叶仙人掌作砧木的嫁接。嫁接蟹爪兰及仙人指时，砧木以高出盆面15～30 cm为宜。可先将砧木从需要的高度横切，然后在顶部或侧面不同部位切几个楔形裂口。再将接穗下端两面斜切削去一部分，使之呈鸭嘴形，立即插入砧木楔形裂口，再用仙人掌的长刺或大头针插入使接穗固定。要注意砧木的楔形切口处必须深及砧木的髓部，这样接穗和砧木的维管束才易于接触并充分愈合。目前有一些大型蟹爪兰产品，它们是用较高的量天尺作砧木，分层进行嫁接的，在同一层上在砧木的3个棱处都接入接穗，这种产品呈伞状悬垂，层次感强、丰满，开花多，观赏价值很高。

在广东，嫁接所用的砧木基本上都是量天尺，又叫三角柱或三棱箭，粗生粗长，对很多种类的亲和力都很强。用量天尺作砧木嫁接球形种类时，为了省工方便，常直接在母株上剪下砧木进行嫁接，然后再扦插，生根与嫁接成活一起进行。国内外所用的砧木还有仙人球、卧龙柱、龙神柱、秘鲁天轮柱、叶仙人掌等。

嫁接后要适当遮阴，并且防止水或农药、肥液溅到切口上。一般 4~5 天即可解除绑扎物（或再迟些也可），大的接穗可再过几天松绑。松绑后的嫁接苗可逐步见光，再进行正常管理，特别注意不要将接穗碰掉。

四、嫁接后的管理

1. 环境保护

嫁接后的植物安放的位置或所在地点应注意风吹、日晒、温度等因素。如落叶树类在冬季露地嫁接，应注意防风、防寒，因此宜选择避风场所，或在砧木上加设塑料棚。

常绿树的嫁接适期在春季，故嫁接后直到完全接活，可能会有日照过强、温度升高的时期，因此保持湿度（枝接后套上小塑料袋可保湿）和温度十分重要，可进行适当遮阴。接活后再除去遮阴（通常在 25~30℃，20 天左右即可接活）。

2. 检查成活，解绑及补接

芽接时芽片上保留有叶柄的，芽接 1 周后就可检查成活情况，方法是用手触动叶柄，如果一触即落，说明已经接活。芽接时经常在芽片上不保留叶柄，如果芽未接活会逐渐褐化枯萎。枝接要观察愈伤组织发生情况和接穗本身状态。

嫁接成活的要及时除去绑扎物，芽接未成活的可在其上或其下进行补接。

3. 剪砧

秋季或夏末或冬季芽接的若在翌春发芽，要在发芽前及时剪去接芽以上的砧木，以促进接芽萌发。其他时间芽接的可待成活后即剪砧。

4. 除砧木芽

凡是由砧木所发出的芽，均要彻底摘除，以免消耗水分和营养。

5. 立支柱

嫁接成活后接穗长大，遇大风易使砧穗接合处断裂，故要注意设立支柱，直至生长牢固为止。

6. 其他管理

在嫁接苗生长过程中，还要注意进行中耕除草、浇水、施肥、防治病虫等管理工作。

花卉的栽培和养护管理

模块一 露地花卉的栽培管理

露地花卉的栽培管理技术主要包括场地选择，土壤准备，整地和做畦，定植，灌溉，施肥，松土锄草，地面覆盖，修剪和支缚以及防寒越冬和防暑越夏、病虫害防治等。其中施肥技术在第二单元模块二中已经详细介绍，病虫害防治在第五单元单独进行介绍，这里不再详述。

一、场地选择

对于喜光的花卉，需选择向阳开阔的场地；阴性花卉需选择庇荫的场所如树荫下或搭阴棚。地势力求平整，以方便管理。水源要充足。由于华南地区降水量多，特别是对于低洼处，必须考虑排水问题。明沟排水是传统的排水方法，此外还有暗管排水、井排等。

二、土壤准备、整地和做畦

如果杂草生长严重，可事先用除草剂如草甘膦等进行根除，在施用后整地前等待7天。有时也采用一些化学药剂来熏蒸土壤，以杀死杂草、杂草种子、害虫、病菌和线虫。熏蒸很有效，但花费高、耗时长，使用某些有毒药剂还可能诱发其他危险。

用机具来翻耕疏松土壤，可以促使水分、空气和根系的进入。土壤太干或太湿均不宜翻耕，如果此时翻耕，容易破坏土壤的团粒结构，而且费时费力。判断土壤是否太湿，可用手抓一把土握成一个球，如果该球落到地面时仍粘在一起，则说明太湿不宜耕作。土块一般耕成0.5~2 cm大小的土粒为宜，若播种或秧苗小的宜细，多雨的季节宜粗。在翻耕的同时，结合清除石块、瓦片、玻璃、树枝等杂物以及除草工作。

整地翻耕的深度根据土壤状况和花卉种类而定。通常沙土宜浅，黏土宜深。一二年生草花生长期短，根系浅，一般翻耕 20 cm 左右即可满足其正常生长发育的需要。宿根花卉和球根花卉根系较庞大，需翻耕 30～40 cm。木本花卉多以穴植为主，大苗的穴深为 80～100 cm，中苗为 60～80 cm，小苗为 30～40 cm。

随后把需要加入的有机质材料、石灰等均匀撒上，再与土层翻混均匀。在翻耕前也可先撒上有机质材料、石灰等改土材料。若土壤翻耕后强光暴晒几天，可以杀死一些病虫害。

由于南方多雨，所以做畦的方式一般为高畦，即畦面高于通道。畦的宽度以便于操作为原则，一般为 1～1.5 m。畦高以有利于排灌为准，与花卉的根系分布也有关系，多为 20～30 cm。

做好畦后可施基肥，通常用沟施或穴施的形式施肥，即挖沟或挖穴到一定深度，把基肥放入，再堆回泥土。

三、定植

定植是指把幼苗移栽到田间的过程。定植一般在春季或秋季进行，在雨季更好。对于自行繁育的幼苗，定植可分为两个步骤：起苗和栽植。无论是小苗还是大树，挖起后要尽早进行栽植。根据起苗时掘苗的方式有带土和不带土两种，栽植方式也有带土和不带土栽植两种，但一般以带土为多。

栽植方法可分为沟植法与穴植法。沟植法是依一定的行距开沟栽植；穴植法是依一定的株行距挖穴栽植。裸根栽植时应将根系舒展于穴中，尽量减少根弯曲重叠，然后覆土。为了使根系与土壤紧密接触，必须适当镇压，镇压时压力要均匀向下，不要用力按压茎的基部，以免压伤。

带土球的苗移栽时，填土于土球四周并镇压，不要镇压土球，以免将土球压碎，影响成活和恢复生长。栽植深度应与移植前的深度相同或略低，以免灌水后土壤下沉使根系露出。但也不要栽得太深，特别对于根出叶的苗不宜深栽，否则发芽部位埋入土中容易腐烂。

栽植完毕后，用细喷壶充分灌水，称为"定根水"，定植大苗常采用畦面漫灌的方法。

定根水浇足后，在新根未生出前，不可灌水过多，否则会因通气不良而影响根系恢复生长甚至造成根部腐烂。幼苗栽植后若能遮阴及在天气干燥时向植株喷水或喷雾，更有利于恢复生长。

把苗栽到地上后，因起苗时根系受损，妨碍水分的吸收，开始的一段时间会停止生长或出现暂时萎蔫，这段时间称为"缓苗期"。等新根毛长出后，才恢复生长。在生产上，缓苗时间越短越好。为此可采取一些措施，如用穴盘、育苗钵、营养袋等容器进行育苗，移植时根同土团整体移出栽植，根就不会受到影响，不需要缓苗时间或缓苗期很短。若不是容器苗，则挖苗时要尽量多带土、少伤根。

定植的密度因种类品种、用途、土质、水肥状况等而异。

四、灌溉

灌溉是补充天然降水之不足，人为地补充花卉水分需求的措施，有调节土温、结合施肥等作用。比较常见的灌溉方法是地面灌溉，又分浇灌、淋灌、沟灌、漫灌、穴灌等。目前国内使用喷灌越来越多，滴灌也有应用。

1. 花卉对土壤水分（土壤湿度）的要求

各种花卉由于原产地不同，长期生活在不同的水条件下，因而形成了不同的生态习性和适应类型。根据花卉对土壤水分的要求不同，可以大体分为以下五种类型。

（1）耐旱花卉（旱生花卉）

耐旱花卉原产于非常干旱环境，如沙漠、干草原、干热山坡等，一般叶子或茎部肉质肥大，形成发达的储水薄壁组织，能蓄存大量的水分，叶面有较厚的蜡质层或角质层，因此具有很强的耐旱能力，如仙人掌类与肉质植物。这类花卉忌土壤水多、排水不良或经常潮湿，否则很容易受害，引起烂根、烂茎甚至死亡。

（2）半耐旱花卉

这类花卉包括一些具有革质或蜡质状叶片、大量茸毛叶片、针状和片状枝叶或肉质根等的植物，如山茶、橡皮树、天门冬、苏铁、国兰、吊兰、文竹、马拉巴栗、金钱树以及松、柏、杉科植物等。

（3）中生花卉

大部分花卉都属于中生花卉，它们对土壤水分的要求多于半耐旱花卉，但也不能让土壤长期潮湿。

（4）耐湿花卉（湿生花卉）

这类花卉原产于陆地上最潮湿的环境，如热带雨林、山谷湿地等。在这些地方，不但土壤水分潮湿，空气湿度也大。耐湿花卉通常叶面很大，光滑无毛，无蜡层，其中又以观叶植物为多。这类花卉是抗旱力最小的陆生花卉，需水多，有的稍缺水就可能枯死。

（5）水生花卉

水生花卉的植株需要全部或部分生长于水中或浮于水面。

2. 不同花卉的灌溉时间与次数

不同的花卉对水分的要求是不同的。在生长季节确定某种花卉是否需要浇水，一般应当根据这种花卉对土壤水分的需求和现时土壤的水分状况来决定。例如对于耐旱花卉，应注意掌握土壤"宁干勿湿"的浇水原则；半耐旱花卉的浇水原则是"干透浇透"，等根系层土壤全干了再进行浇水；中生花卉则是"间干间湿"，在土壤含水量低于田间持水量约50%时即进行浇水；湿生花卉是"宁湿勿干"，土壤表面一干就进行浇水。而在冬季，由于温度低，植物进入休眠（有的是自然休眠，有的是被迫休眠），此时浇水次数要比生长季节明显减少，甚至可停止浇水，有夏休眠的花卉也需如此。

明白了上述道理，就明白了为什么气候、季节、土壤类型等不同，浇水次数也就不同。例如夏季阳光充足、气温高时，植株蒸腾和土壤蒸发厉害，土壤干得快，所以需要更频繁地浇水，干旱干燥的季节也是如此；而阴雨连绵的季节，土壤经常湿润，浇水次数大大减少。又如沙土类土壤容易干，浇水次数也更多；黏土类土壤保水性强，浇水次数也就少些。

浇水时水温要与土温接近，所以冬天宜在中午前后进行浇水，夏季宜于清晨或傍晚进行浇水，但是傍晚进行浇水时，如果在植株上留有水滴，则因水滴存留时间长容易引起地上部发生病害，而清晨则不易出现这种情况，因为水滴随着太阳出来很快就会蒸发掉。

3. 旱害和涝害

花卉因缺水而受的危害称为旱害。植株经常处于水分亏缺状态，根的深度会增加；叶少而薄，叶体和叶面积变小；分枝少，新梢减弱，饱满度和所含的汁液不足；茎叶颜色转深，有时变红；叶尖、叶缘或叶脉间组织枯黄，这种现象常由基部叶片逐渐发展到顶梢，引起早期落叶、落花、落果，花芽分化也减少。水分不足还易使土壤溶液浓度变高而产生盐害，这在草花中更易出现，所以在施用化肥时更须注意。

如果一次缺水严重，植株就会出现萎蔫，嫩枝叶下垂，叶片卷起或合拢。如果萎蔫出现后，浇水或降雨一次，茎叶就会恢复挺立的，这种萎蔫称为暂时萎蔫。在夏季炎热的中午，由于蒸腾作用过于强烈，植株也可能出现暂时萎蔫。如果萎蔫出现后，浇水或降雨仍不能让植株重新恢复挺立的，这种萎蔫称为永久萎蔫。一般植物如果出现永久萎蔫，则意味着干死了。

如果土壤水分经常处于过多状态，则不利于根的伸长生长，抗旱力下降；植株生长纤弱，抗寒力下降；病害更容易发生。如果土壤排水不良而积水，或暴雨洪水，使植株的一部分被淹而导致植株受害，则称为涝害。涝害主要使根部缺乏氧气，无法进行正常的呼吸，在植株外观上会出现黄叶、花色变浅、花的香味减退、落叶、落花、落果等现象。涝害严重时导致根系腐烂，全株死亡。如果水涝导致植株部分地上部也浸在水中，会影响光合作用和呼吸作用的进行，叶、花、果都会腐烂。

五、松土锄草

松土（或称中耕）锄草是花卉田间管理的重要环节。通常雨后或浇水后，只要土壤湿度适宜，就应及时进行松土锄草。

因为经常浇水或下雨，土壤容易板结，不利于根系生长；杂草与花卉争夺水分、养分和阳光，而且杂草还是病虫的滋生或栖息地，所以必须进行松土锄草。通常松土与锄草是相结合进行的，但锄草不能代替松土。

松土的深度因花卉种类和生长期而异，一般草本类根系较浅，应进行浅锄；木本类根系较深，宜进行深锄。幼苗期应浅锄，成长的植株可深锄。距植株远处宜深，近处宜浅。一般松土的深度为 3~9 cm，或者见到有根就不能再深锄。

松土的次数因花卉种类、生长期长短及土壤性质而定。一般草本花卉松土次数较多，木本花卉次数较少。生长期长的花卉松土次数较多，生长期短的花卉较少。土壤易板结的次数较多。当植株全部覆盖地面，则停止松土，以后只进行拔草工作。

生长期长的花卉还要进行培土工作，就是在生长期间将行间或畦沟（过道）的土壤堆覆于根部或茎基部，具有固根护根、防止倒伏、提高地温、增加水肥等作用，这一措施通常与松土锄草结合进行。在雨季，经常把畦沟中的泥土掘起培土，加深畦沟，利于排水。

除草除了采用机具或人工外，目前越来越多施用化学除草剂，可省工、省时，尤其适合大面积的除草，但必须选择适宜的除草剂，其使用浓度、方法和用药量应严格遵循说明书的要求。

1. 除草剂的类型

除草剂有很多种类，按作用方式不同，可分为选择性和灭生性两类。选择性除草剂，是指有选择性地杀死田间杂草而不伤害作物的一类除草剂，如2，4-D能杀死双子叶杂草，而对禾本科作物无害。灭生性除草剂也叫非选择性除草剂，不管是杂草还是作物，所有的植物都能被杀死，如五氯酚钠等。

按药剂在植物体内移动的情况，可将除草剂分为内吸性除草剂和触杀性除草剂两类。内吸性除草剂可通过草的茎、叶或通过根部吸收到植物体内，起到破坏内部结构、破坏生理平衡的作用，从而使杂草死亡，如2，4-D、西玛津等。触杀性除草剂是指药剂直接接触杂草后，引起杂草死亡，如除草醚、五氯酚钠等。

2. 常用的除草剂

（1）草甘膦（镇草宁、农达）

灭生性内吸除草剂，剂型有水剂、可溶性粉剂和可溶性颗粒剂。使用时根据说明配成合适浓度的药液喷射茎叶。杀草谱广，几乎对所有杂草都有效。

（2）五氯酚钠

灭生性触杀除草剂，剂型有65%和85%可溶性粉剂，主要防除稗草和其他多种由种子萌发的幼草，也是防治钉螺、福寿螺、蚂蟥等的杀虫剂。

（3）绿麦隆

选择性根内吸及叶面触杀除草剂，有25%、50%和80%可湿性粉剂。可防治多种禾本科及阔叶杂草，作用比较缓慢，持效期 70 天以上。通常把药剂兑水后均匀喷布土表，因水溶性差，施药时应保持土壤湿润，否则药效差。

（4）2，4-D 丁酯

内吸选择性除草剂，可从根、茎和叶进入杂草体内，剂型为 70% 乳油。可防除多种单子叶和双子叶杂草。在温度 20~28℃时，药效随温度上升而提高，低于 20℃则药效降低。2，4-D 丁酯在气温高时挥发量大，易扩散飘移，危害邻近双子叶作物和树木，须谨慎使用。2，4-D 丁酯吸附性强，用过的喷雾器必须充分洗净，以免花卉受其微量残留药剂危害。

（5）扑草净

内吸选择性除草剂，可经根和叶吸收并传导。剂型为 50% 和 80% 可湿性粉剂。对刚萌发的杂草防效最好，杀草谱广，可防除一年生禾本科杂草及阔叶杂草。

（6）茅草枯（达拉朋）

内吸选择性除草剂，植物根茎叶均可吸收，但以叶面吸收为主，可在植物体内上下传导。剂型有 87% 可湿性粉剂及 60% 和 65% 茅草枯钠盐。可防除禾本科一年生和多年生杂草。施药后 1 周杂草开始变黄，3~4 周后完全死亡。

（7）西玛津

内吸选择性除草剂，能被植物根部吸收并传导。剂型有 50% 和 80% 可湿性粉剂及 40% 胶悬剂。可防除一年生阔叶杂草和部分禾本科杂草。西玛津残效期长，可持续 12 个月左右。对后茬敏感花卉有不良影响。田间杂草处于萌发盛期出土前，进行土壤处理，每亩用 40% 胶悬剂 185~310 ml，或 50% 可湿性粉剂 150~250 g，兑水 40 kg 左右，均匀喷雾于土表。喷雾器具用后要反复清洗干净。

（8）二甲四氯

内吸选择性除草剂，可以破坏双子叶植物的输导组织，使其生长发育受到干扰，茎叶扭曲，茎基部膨大变粗或者开裂。剂型有 13% 和 20% 水剂及 56% 可湿性粉剂。使用 20% 水剂 200~250 ml 兑水 50 kg 喷雾，可防除大部分莎草科杂草及阔叶杂草。气温低于 18℃时效果明显变差。

六、地面覆盖

地面覆盖是指采用落叶、树皮、稻草、花生壳、秸秆、种植食用菌后的废基质、锯末、泥炭、松针、猪牛粪（以上材料可覆盖数厘米厚）、各色薄膜等材料覆盖在畦上的一项技术。其优点主要有：减少因雨水对土壤的直接冲刷而造成的土壤板结和流失，减少水分的蒸发，保肥，减少某些病虫害的发生，增加土壤有机质、提高肥力，减少杂草，减少土温的波动（夏季降低地温、冬季保温防寒），减少生产成本等。但地面覆盖也存在一些缺点，如使用覆盖物会增加投入，有的覆盖物会造成适于某些病虫害及鼠类潜伏的环境，覆盖材料太厚会妨碍土壤的蒸发和空气流通等。

七、修剪和支缚

1. 修剪

修剪是利用剪刀等或人工对植株局部或某一器官实施具体整理。修剪的作用因修剪的技术和方法而有不同，如可控制植株大小、控制形态、调节生长发育、更新复壮、促进开花等。修剪的工具须锋利、干净。常见的修剪方法有以下几种。

（1）摘心与剪梢

摘心通常是对草花而言，就是把顶芽摘除，有时连同顶部几片嫩叶一起摘除。剪梢是对木本而言，即把枝梢顶部除去。摘心和剪梢也就是去除顶端优势，能促使多发侧枝多开花，此外还能使植株矮化、株形丰满以及延迟花期或促使其第二次开花。不是所有草花都可进行摘心，常见可进行摘心的草花有一串红、翠菊、百日草、波斯菊、千日红、万寿菊、金鱼草、大丽花等。

（2）除芽

包括摘除侧芽和挖掉脚芽。除芽可防止分枝过多造成营养分散，还可防止株丛过密。适于除芽的花卉有菊花、大丽花、香石竹等。嫁接苗中的砧木芽也须及时除去。

（3）摘蕾

即把花蕾摘除。如有些切花月季品种，主蕾旁会有小花蕾产生，须把小花蕾摘除，使营养集中于主蕾。再如多花型菊花须把顶蕾摘除。又如茶花常须摘去部分花蕾，使营养集中，有利于剩下的花蕾开放，留下的花蕾大小若相似则开花也趋于整齐。

（4）摘叶

主要摘除基部黄叶和已老化、徒耗养分的叶片，以及影响花芽光照的叶片和病虫叶。有的花卉经过休眠后，叶片杂乱无章，叶的大小不整齐，叶柄长短也很悬殊，须摘除不相称的叶片。

（5）摘花与摘果

摘花一是摘除残花，如杜鹃的残花久存不落，影响美观及嫩芽的生长，须摘除；二是不须结果时将开谢的花及时摘去，以免其结果而消耗营养；三是残缺僵化有病虫损害而影响美观的花朵须摘除。摘果是摘除不需要的小果或病虫果。

（6）疏剪

疏剪主要是剪掉树冠内的交叉枝、重叠枝、过密枝、徒长枝、衰老枝、病虫枝等，使枝条分布均匀、通风透光、养分集中，促进生长和开花，以及增加观赏性。疏剪应从分枝点上部斜向剪下，伤口较易愈合不留残桩。在月季栽培中，疏剪是一项经常性的工作。

（7）短截

短截是剪去枝条上端的一部分，促使侧枝发生，并防止枝条徒长，使其在入冬前充分木质化形成充实饱满的腋芽或花芽。在生长期多轻剪，剪掉的部分不超过枝条的 1/3~1/2，在休眠期多重剪，常剪掉枝条的 1/2~2/3。有时对于一些萌蘖力强的花灌木则将枝条的绝大部分剪掉，仅保留基部的 2~3 个侧芽。短截时须注意剪口应成 45° 的斜面，芽距剪口斜面 1 cm 左右，并在斜面的背后为宜。留芽方向要根据枝条生长的方向来确定，若要其将来的枝条向上生长，则留内侧芽，若要枝条扩张向上生长则留外侧芽；枝条开张角度小者，要留外侧芽，枝条开张角度大者，要留其内侧芽。

2. 支缚

切花如大丽花、唐菖蒲、香石竹、满天星、菊花等，由于花朵太重或茎干柔软或细长质脆，易弯曲、倒伏及被风吹折，因此需要设立支柱或支架进行支撑绑缚。支撑的材料有细竹、竹签、硬塑料棒等，绑扎材料可用棕线、尼龙绳等。

支撑绑缚的方法有三种：一是每枝设立 1 个支柱，将枝条缚于支柱上，为避免支柱磨损花枝，可将枝条与支柱分开绑扎；二是用 3~4 根支柱，分插于植株周围，然后用绑扎材料在植株外围将每根支柱连扎成一圈，使植株居于中央；三是在畦的两头安支柱，畦的两边设立纵向竹竿，然后用绑扎材料组成纵横网络，网孔 10~15 cm，使植株枝条在自然生长中伸出网孔，待网上枝长到 25~30 cm 时，再增加一层，需要者再加第三层，如果用预制的尼龙网来代替，更为省工，只用一层即可，随着植株长高再把网上移。

八、防寒越冬及防暑越夏

防寒越冬是对一些耐寒能力较差的观赏植物实行的一项保护措施，常用方法有以下几种。

1. 覆盖法

在霜冻到来前，在地面上覆盖稻草、落叶、蒲帘、草帘以及塑料薄膜等，待翌年春季晚霜过后再把覆盖物清理掉，此法常用于一些秋播二年生草花、宿根花卉和一些可在露地越冬的球根花卉。在苗圃培育木本花卉幼苗时也多采用这种方法。

2. 培土法

即壅土压埋或开沟覆土压埋植株的基部或地上部分，等冬天过去后再将土除去，使其继续生长。此法适用于一些宿根花卉和较低矮的花灌木。

3. 灌水法

由于水的热容量大，灌水后可以提高土壤的导热量，将深层土壤的热量传递到土壤的表面，据测定浇水可提高地面温度 2~2.5℃，因此冬季浇水可起到保温和增温的效果。

夏季温度过高会对某些花卉造成危害，可进行叶面及畦间喷水、搭遮阴网覆盖或草帘覆盖等人工降温措施，使其能够安全越夏。

模块二　盆花的栽培管理

一、花盆的选择

目前市场上花盆的种类很多，每种花盆底部都有 1 个至数个孔，称为排水孔，是为了让浇水时多余的水从中流出，防止盆内积水。常用的花盆主要有下面几种。

1. 瓦盆

瓦盆又称素烧盆、素烧瓦盆、泥盆，是用一般黏土烧制而成。瓦盆的质地粗糙，盆壁上布满无数微细孔，通气性强、排水性好（透过盆壁），有利于根系的生长和对盆中有机质的分解，在所有花盆中栽花效果可以说是最好的，而且价格便宜。

瓦盆的缺点是易破、体重、盆壁会生苔藓、盆土易干以及不美观，使用时间较长时，盆壁细孔会被泥土或苔藓堵塞，透气性能逐渐丧失，还会附着大量盐碱及病菌等。所以过旧的瓦盆若要再用，需尽量洗刷干净。

由于瓦盆外观不漂亮，而好花需要用好盆配，所以像兰花、杜鹃花、牡丹等在开花时，可用其他更漂亮的花盆进行换盆后再用于销售或摆放观赏。

2. 釉盆

釉盆是在素陶盆外壁涂上一层釉彩烧制而成，品种式样琳琅满目，颇为美观，不同地方有其传统规格名称。釉盆的盆壁没有通透性，价格较高，多用于栽培比较名贵的花卉，如兰花、盆景等。著名的江苏宜兴紫砂盆就属于这类盆，是用当地的特产陶土——紫砂泥烧制而成。

3. 瓷盆

瓷盆是用瓷土制坯烧成，质地细腻，色泽光亮，外壁上常具有人物、花鸟等图案，品种样式也很丰富，高雅精致美观，但价格高，而且盆壁无透气性。瓷盆主要用于栽培比较名贵的花卉，也常作为套盆使用。例如用一般塑料盆种植的花，在开花时把整个盆株直接放入一个直径稍微大一点的瓷盆中，这就是所谓的套盆，可以提高观赏价值。

4. 塑料盆

塑料盆是用聚氯乙烯等可塑性高分子化合物制成的花盆。塑料盆具有薄而轻巧、不易损坏、运输方便、价格便宜等优点，其形状、大小、色彩等变化多端，当今在生产上应用十分普遍。但塑料盆的盆壁无通气性，且时间长了易老化破损。

按照用途的不同，花盆也可分为普通盆、吊盆、壁盆、组合盆等。此外，近年来出现的木质盆、竹质盆、藤质盆、石质盆等，主要作为套盆和组合盆栽用，也特别适合装饰欣赏。

二、盆栽的基质

用于栽培盆花的材料称为盆栽基质。例如塘泥就是一种相当好的盆栽基质，可直接用来种盆花，特别是大型的盆花。除了塘泥等个别材料可直接作为基质外，为了使盆花能够生长良好，目前多使用两种以上的材料混合起来作为基质，这种混合基质又称为人工培养土、培养土、混合土或配合土。

混合基质可以分为两大类，一类为含有天然土壤的，因为土壤本身含有一定量的营养元素，所以称为肥土混合基质，或含土（混合）基质、有土（混合）基质。另一类为不含土壤的，组成的材料有泥炭、椰糠、珍珠岩、蛭石、河沙、树皮、锯末、稻壳等，这些材料不含或者含有很少营养元素，所以称为非肥土混合基质，或无土（混合）基质。

无论是哪种基质配方，都要把 pH 值调节适当，一般花卉调节到 6.0~6.5 为最佳。调节测定 pH 值时，可使用从化学试剂商店购买回来的 pH 试纸（测定范围 5.0~7.0 为宜），方法是：取 1 份基质按体积比加 5 份蒸馏水混合，然后撕下一条试纸放在干净的桌面上（注意不能把试纸弄湿），再用一根筷子蘸基质溶液滴在试纸的中部，待试纸变色后，再拿起来与试纸上的标准比色卡比较，即可确定出溶液的 pH 值是否适宜。如果 pH 值不适宜，需要再调节，所以一开始加入调节 pH 值的材料不要加太多，应当由少到多一直到 pH 值适宜为止。为了便于下次再配制基质，应该把第一次的用量记下来。另外，剩余的试纸要放在干燥的地方保存，否则会因吸湿而失效。

1. 含土基质配方

由于可用于配制基质的材料有很多，所以含土基质的配方相当多。其中，把一般土壤、腐叶土或泥炭、河沙按照体积比 7：3：2 的比例混合起来，是一种很好的栽培一般花卉的基质配方。表 4—1 介绍了不同盆花适宜的肥土混合基质配方。

表 4—1　　　　　　　　不同盆花适宜的肥土混合基质配方（体积比）

花卉类别	田土	园土	腐叶土	河沙	其他（炭化稻壳）
一般草花		5	3	2	
	3		2		
球根花卉	5		3	2	
	5	3	2		
木本花卉	5		3		
	3		2		
观叶植物		2	2	1	
仙人掌类			2	7	1

如果只能弄到土壤，无论是什么土壤，只要混入一些泥炭就可以，泥炭含量越多越好，甚至可达到一半的量，效果比直接使用土壤要好得多。

2. 无土基质配方

与含土基质相比，无土基质由于具有材料质量均一、干净、重量轻、处理方便、施肥容易调节等优点，当今在盆花生产上已经广泛使用。目前市场上出售的各种培养土，基本都是使用无土材料配制而成的。因为可用于配制无土基质的材料不少，所以无土基质的配方也相当多。

目前无土基质有一些经过试验得出的比较好的配方，例如泥炭：细沙＝2：1（体积比，下同）、泥炭：椰糠：细沙＝1：1：1、泥炭：珍珠岩＝1：1 等。

3. 附生花卉的基质配方

附生花卉的根不生长在土中，而是暴露于空气中，所以进行盆栽时必须保证基质排水透气性能很好，通常都是用很粗的材料作为基质。常见的材料有水苔、树皮、椰子壳、木炭、陶粒、碎砖块、火山石、石子、蛇木板等。生产者可按照当地材料的易得性、价格等调整配方，甚至直接使用单一的材料。

4. 常见配制基质的材料

（1）塘泥与河泥

塘泥与河泥可用来直接种植盆花。塘泥呈灰黑色，含有丰富的营养元素和较多的有机质，通常被打成 1~1.5 cm 的小块来使用，即使常浇水也不会松散，小块之间排水通气性良好，须根又可扎入土块内，是一种效果良好的盆栽基质，主要缺点是质重。

（2）园土

园土又称菜园土、田园土，是一般用于种植蔬菜的表层土。因经常施肥耕作，有机质和养分含量较高，团粒结构较好。主要缺点是干时表层易板结，湿时透水透气较差。

（3）田土

田土即水田里的表土，通常呈黏性，灰色而肥沃。主要缺点是较黏重、容易板结和潮湿。

（4）山泥

山泥是指从山上挖下的土壤，呈红色、黄色或黄褐色。南方的山泥多呈酸性，含有机质和养分少，具有一定的排水性和保水性，比重大，较少污染。山泥常作为配制国兰的基质材料。

（5）腐叶土

腐叶土是由阔叶树的落叶堆积腐烂而制成的。腐叶土含有机质丰富、营养元素全面，既疏松排水透气，又能保水保肥，可直接用于栽种盆花，或加至园土、田土和山泥中以增加透气性。

腐叶土做法是：在地上挖个坑，将泡湿的树叶堆积约 20 cm 厚，边踏边积，再将一些粪肥或饼肥或少量尿素、硫铵等氮肥撒布其中（以促进树叶腐烂分解），上盖薄土。每层都这样堆积上去，最后盖上塑料薄膜。在堆积过程中翻堆 1 次。约 3 个月后就可过筛混匀使用。如果是用树叶及其他材料如垃圾废物、青草、稻草、吃剩饭菜等，再加上换盆后的旧土一起堆积而成的，又称为堆肥土。

（6）泥炭

泥炭又称为草炭、泥炭土，是死亡的植物在水湿条件下腐烂后部分分解的植物残渣——一种特殊的有机物质。泥炭的优点很多，是目前花卉育苗和盆栽中的主要基质材料。不同地区出产的泥炭在性质上有很大的差异，多为酸性。其中，水藓泥炭的品质是最好的，进口泥炭就是这种类型，经过调配，可直接用于栽种盆花。

（7）椰糠

椰糠又称椰纤，是椰子外壳（果皮）的纤维粉末，是从椰子外壳纤维加工过程中脱落下的一种可以天然降解、纯天然的有机质材料。椰糠含有大量的有机质，保水保肥性强，排水透气性好，干净，质轻，是一种良好的盆栽基质材料。目前椰糠在基质中的地位仅次于泥炭，产品则主要来自亚洲热带椰子生产国，如印度、斯里兰卡、泰国等，我国海南也产椰糠。椰糠可单独使用，或与其他基质材料组成配方。为了易于运输，把椰糠进行压缩，称为椰糠砖。椰糠砖的使用方法：加入足够量的水，让椰糠砖在水中浸泡直至完全膨胀，再洗一下去掉盐分即可使用（不同厂家生产的椰糠砖所含盐分不同，如果用于播种和幼苗，含盐分多的椰糠砖要多洗一下；如果用于换盆，由于植株较大，可不用洗去盐分）。

（8）锯木屑（锯末）

锯木屑质轻，与泥炭相比保肥性和持水量比较低。新鲜锯木屑的主要问题是碳、氮含量比较高，有些锯木屑如松树屑、桉树屑等还含有对花卉有毒的成分，应该通过堆腐来降解毒性。在堆腐时要注意加氮素和水，通常至少要堆腐 3 个月以上，秋冬季时需要 6 个月以上，其间还要进行数次回堆后才能使用。锯木屑通常加入土壤中一起使用。

（9）河沙

河沙就是指建筑用的沙子。新鲜河沙干净，排水和通气性良好，但缺乏保水性与保肥性，不含任何养分，质较重。一般加入园土、田土、山泥等中以改善排水透气性，或加入泥炭中以增加重量和通气性，它也是扦插繁殖常用的材料。沙粒大小以 0.1~1 mm 为宜。

（10）珍珠岩

珍珠岩是由粉碎的岩浆岩加热至 1 000℃ 以上膨胀而成的极轻的白色核状体，原是建筑材料。为多孔性结构，吸水性好，可吸收 3~4 倍于本身重量的水分。不会腐烂，不含营养，不具保肥性。常加入混合基质中以增加透气性和保水性，也可作扦插基质。

（11）蛭石

蛭石是硅酸盐材料在800~1 100℃下加热形成的轻而小的、多孔性的金色云母状物质，原属于建筑材料。能吸收大量水分，具有保肥性。常加入混合基质中以增强透气性和保水保肥能力，也可作扦插基质。

（12）煤渣

煤渣是煤燃烧后的残渣，一种很疏松的材料，可混入土壤中增加排水透气性。其常混有大小不等的石砾，使用时需进行筛选，粒径以2~5 mm为宜。其碱性较大，混合后尤其要注意pH值的调节。

（13）水苔

水苔也叫水草、白藓、苔藓草，是苔藓类植物，常生长于山林中的岩石峭壁、溪边、泉边、浅水里等，呈鲜绿色或白绿色，疏松绵状，密集交织成片。晒干后呈淡白色。水苔质轻，软绵有弹性，干净无菌，吸水保水能力均强，疏松透气，微酸性，是洋兰和国兰常用的高级盆栽基质，也是很好的包装材料。洗净除杂后直接利用或晒干后再用。

（14）树皮

树皮主要是松树皮，需经过高温发酵等处理，脱去部分油脂，除去有害物质和杀死虫卵。树皮具有比较好的保水保肥能力。不同树种的树皮pH值也不相同，如松树皮为酸性。

（15）椰子壳块

椰子壳块是将椰子外壳（果皮）晒干后切块制成，其湿润后的保水性强。

（16）木炭

木炭是木材或木质原料经过不完全燃烧，或者在隔绝空气的条件下热解，所残留的深褐色或黑色多孔固体燃料。木炭具微细孔，吸水力大、干净，不会腐烂，是栽培附生花卉的良好基质材料。

（17）碎砖块

碎砖块具有与木炭类似的性质，大小以1~2 cm为好。

（18）陶粒

陶粒是由黏土煅烧而成的大小均匀的粒状颗粒。干净卫生，不会分解，内部为蜂窝状的孔隙构造，保水性好，具有一定的保肥力。也常作为花盆的垫底材料。

（19）石子

石子为建筑用的花岗岩石子，无保水保肥能力，大小以 1~2 cm 为好。

（20）火山石

火山石俗称浮石、多孔玄武岩，是火山爆发后由火山玻璃、矿物与气泡形成的多孔形石料。大小以 1~2 cm 为好。火山石干净，内部蜂窝多孔，持水性好，微酸性，而且含有镁、钙、锰、铁、镍、钼等元素。

（21）蛇木

蛇木是指桫椤的茎干，在茎干上密布气生根。台湾地区的生产者把茎干切成板，称为蛇木板，直接把附生花卉固定其上栽培，而蛇木屑则作为一般盆栽的基质材料。但在大陆，桫椤是国家一级保护植物，禁止砍伐。

三、上盆

上盆是指将繁殖成活的幼苗移栽到花盆里的过程。上盆前要根据花卉的种类、植株的大小、根系的多少等来选择大小适当的花盆。如果盆太小，则根系发展很快受到限制，肥、水和气易出现不足，很快就要再换盆；如果盆太大，则水分不易调节，且费时费料和浪费空间。幼苗的移植技术参阅前面的繁殖部分。

上盆时，先填一层陶粒、石砾或煤渣之类的粗材料（以利于排水），再填入一层基质（如要施基肥，要把肥埋在土中，不要让根直接接触），用左手拿苗放于盆中央，填基质于苗根的周围，再将盆提起在地上蹾实，或者用手适当压实。

要注意上盆后基质只需要装大概八成半至九成满，浇水后基质会有些下沉，使得基质最终高度只有约花盆高度的八成。这是因为盆花每次在浇水肥时都要求浇透，但是又不要浇得过多，过多了浪费水肥，就是所浇的量以基质刚好能够全部湿透为准。在上盆时花盆上面留下约两成的空间，在将来浇水肥时只要把这两成的空间装满水或液肥，这些水肥就刚好能让基质全部湿透。这对使用容易板结的基质（如含有园土、田土等）显得更加重要，如果基质装得过满，则以后浇水肥时会因渗透不及而让水肥从盆周围流走，极为麻烦。

上盆后随即浇水，这次浇的水称为定根水，特别要注意浇透，以让根与基质充分接触。定根水淋足后，在新根未生出前，不可灌水过多，否则会因通气不良而影响根系恢复生长甚至造成根部腐烂。

因为起苗时根系容易受到损伤，上盆后会影响对水分的吸收，幼苗有可能停止生长或萎蔫，等新根毛长出后，才恢复生长，这段时间称为"缓苗期"。缓苗期间如果阳光过强、风大、空气干燥，幼苗会因蒸腾失水过多而受害甚至可能干死。因此，起苗时要尽量带土不伤根，阳性花卉和耐阴花卉上盆后要把盆放在阴处进行缓苗（数日即可），其间多向叶面喷水或喷雾，待苗恢复生长后再进行正常管理。

四、浇水

花卉上盆后，经过数日的缓苗，在植株恢复生长后，就要根据不同花卉种类采取合适的管理措施。

1. 盆里浇水

由于基质的局限性，盆花很容易出现缺水现象，因此浇水是盆花很重要的一项经常性工作。盆花浇水的次数和时间，与花卉种类、生长发育时期、自然气候条件和季节、植株的大小、盆的种类和大小、基质类型等都有关系，有时需要每天进行浇水。每次浇水时都要浇透基质，一般盆底刚好有一点水流出就说明浇透了。有人对盆花浇水时，每次只浇少量，而浇水次数则很频繁，这不是一个好的方法，因为基质下面经常无足够的水让根系吸收，而表面长期湿润又导致空气进入基质不足，大多数盆花都不能耐受这种情况。

（1）浇水时间的确定

确定某种盆花是否需要浇水，在生长期可基本依据这种花卉对土壤水分的具体要求，根据基质的干湿情况来具体确定。在休眠期，浇水次数要比生长期大大减少，甚至可以停止浇水。

由于基质水分过多的害处比水分干燥的为大，而且较容易导致盆花死亡，因此，不论是对于哪一种盆花，如果无法准确判断什么时候才需要浇水，那么请记住：宁愿浇水次数少点，也要比多浇水更加安全。

如果没有及时浇水，一般花卉就会出现萎蔫。有些人等到植株出现萎蔫时才浇水，虽然具有薄叶片的盆花常常能够迅速复原，但是经常如此对植株正常生长和开花是有影响的，甚至引起叶片变黄和脱落，因为植株出现萎蔫之前的一段时间，根系不能够正常吸收到水肥，体内的各种正常生理活动也就受到了影响。另外，对于具有厚叶片的盆花，叶子缺水时出现的现象是萎缩，再浇水时往往不能复原。还有像多肉植物、兰花和其他叶子坚挺的热带花卉，缺乏水分时茎即萎缩，出现这种现象时植株可能已经受到了严重的伤害。不过有个别花卉如四季橘、籇杜鹃等，如果要促进花芽分化，反而需要控制浇水一段时间。

一天当中的浇水时间，一般以上午早些和下午迟些为宜。一般不要在傍晚进行浇水，因为容易引起地上部发病。像菊花、一品红等，如果夏季在傍晚进行浇水时，植株则会徒长得很厉害。但是对于生长慢而种植于保水力低的基质中的附生性兰花，在夏季则宁可在傍晚浇水，以利于夜间的生育；若是早上浇水，尤其是对附植在蛇木板上的花卉，水分很快干掉，植株就没有吸收水肥的足够时间了。

浇水时水温要与土温或室温接近。如果用冷水浇花，根系会受低温的刺激，从而引起吸收能力下降，甚至出现"生理干旱"，抑制根系生长，严重时还会伤根甚至引起烂根。另外，如果冷水溅落到叶片上，也可能产生难看的斑点。所以在冬季浇水时，宜在中午前后进行。

（2）浇水的方法

浇水可用瓢、杯等直接淋在基质上，或用洒水壶从植株上淋下，或用水管淋。目前很多花场都安装了喷灌系统，更加省工并节水。

从叶上浇水（如果是硬水则不宜常用，硬水是指含有较多钙盐和镁盐的水，如地下水、井水等）可以冲落叶上的灰尘，尤其对喜空气湿度高的种类有益，另外也可减少螨类的发生，在夏季还有降温的效果。但是在强烈阳光下进行浇水，若水滴留在叶上会产生类似透镜的功能而烧伤叶片。另外，有些花卉不宜从叶上给水，如大岩桐、荷包花等叶片淋水后往往会腐烂，仙客来块茎顶部的叶芽和非洲菊的花芽淋水后可能腐烂而枯萎，紫鹅绒叶上沾水滴会留下难看的斑渍等。

如果叶丛盖满了叶子，上面的浇水方法都不适用，因为从叶上浇会导致大部分的水从叶片上流到盆外而使基质无法完全浇透，此时就应当用浸盆的方法从下面给盆花浇水。要注意的是，当基质完全湿润后就要把花盆移出，一定不能让花盆久浸水中。

2. 增加空气的湿度

一般花卉需要约60%的空气相对湿度，仙人掌类与多肉植物则习惯30%～40%的湿度，而原产热带雨林的许多种类则喜好约80%的湿度。像常见的吊兰、散尾葵等叶片狭长的植物，空气湿度太低就很容易出现叶尖枯焦的现象。从植物外观来判断，其叶片越薄的，就越有可能需要高的湿度；而对于具有厚且呈革质叶的，则能够忍耐较干燥的空气。

对于喜欢高空气湿度的盆花，在生长期遇到自然空气湿度低的季节，特别是秋季，必须设法提高盆花周围的空气湿度。

要提高盆花周围的空气湿度，通常通过喷水或喷雾的方法，向植株或地面喷，白天至少要喷一次，一天能够喷多次更好。如果有喷灌系统就方便很多，把叶面喷湿即可。

3. 特殊情况的处理

有时因为一些特殊原因导致基质过干，植株失水过多而长时间处于萎蔫状态，叶子不断干枯脱落，在这种情况下救活植株的最好方法就是把花盆浸在盛满水的水桶或水槽里，同时用水喷洒叶丛，一直浸到无气泡从基质中升出为止，再取出沥干多余的水。

对于使用未添加湿润剂的、以泥炭为主的无土基质，由于泥炭具有干时很难再吸水的缺点，所以在基质完全干后再进行浇水会出现这样的情况：虽然水已从盆底排水孔中流出，但实际上基质里面并未完全湿透。因此，这种基质在完全干后也应当采用上述浸盆的办法来使基质重新再湿润。

在使用含土基质，特别是使用单一土壤如园土、田土等时，在浇水后如果发现水长时间停留在基质表面，这往往是基质上层已经完全板结的缘故，此时需要挖松基质。如果下部基质仍然很硬，这意味着基质已全部板结，此时应当用新的基质进行换盆。

平时若浇水过多或连阴久雨或盆内积水，植株出现萎蔫或叶色发暗，则多属于涝害。在这种情况下为挽救植株，可把植株带基质脱离花盆，放在阴凉通风避雨处，以散发水汽，并向叶片少量喷水，过3～5天植株复原后再重新上盆。

五、施肥

盆栽的花卉由于基质少、获得自然营养少、浇水次数更多等原因，比地栽的更需要进行施肥。盆花的施肥量与次数，依花卉种类品种、生长发育时期、季节环境、基质类型、肥料种类、施肥方法、灌溉方法等有很大差异。也就是说，盆花的施肥模式也可以是多种多样的。

盆栽基质有两大类：含土基质和无土基质。下面分别介绍一种模式供参考。

1. 含土基质的施肥

不同的花卉对肥料的需求量不同，生长势强或生长快速的花卉，需要肥料较多；生长势弱的，需肥较少。相对需肥量较多的盆花，有天竺葵、菊花、一品红、绣球花、花毛茛、石竹、月季等；需要中等量肥料者，有杜鹃花、长寿花、三色堇、非洲菊、大岩桐、仙客来、朱顶红、虎尾兰等；需要少量肥料的，有红掌、兰花、秋海棠、铁线蕨、报春花、观赏凤梨、仙人掌类等。对于兰花、观赏凤梨、仙人掌类、棕榈类等，在营养元素全面的情况下，如果要其长得慢一些，可以减少施肥次数。

对于使用含土基质栽培的花卉，与地栽的相似，一般只需要补充氮磷钾三要素，目前已经广泛使用氮磷钾复合肥。

在施肥时，对于需肥量多者，每盆基质可混入 2~4 g（前面一个数字为幼苗或刚上盆植株的用量，后面数字表示成长的或换盆植株的用量）适合于该种花卉比率的、氮磷钾总含量低于 30% 的复合肥作为基肥；对需中等量肥料者，每盆可混入 1~2 g；对需少量肥料者，每盆混入 0.5~1 g。

因气温高时基质易干，浇水次数多，肥料流失也多，所以通常施用基肥后，第一次以及以后的追肥在夏季隔 20~30 天进行 1 次，冬季则 30~45 天施用 1 次（有休眠的花卉在休眠期间不施），春秋季的追肥间隔时间则比夏季长些、比冬季短些。每次追肥时用基肥量的 1/3 或 1/2 进行干施，即把肥料撒于基质上，最好再用小竹片疏松基质，把肥料松到基质内。如把肥料溶于水中采用液施，虽其肥效要更快但也更易流失，因此有必要提高稀释倍数而且增加施用次数。通常幼苗可稀释成 500~800 倍使用；中苗以上需肥量多者用 200~250 倍液、需肥中等者用 300~400 倍液、需肥少者用 600 倍左右液为宜。

对于一年生草花的追肥方式，由于其生长速度呈慢—快—慢的特性，因此其对肥料的需求为幼苗期较少，茎叶生长旺盛的生育中期要求最多，到开花期又减少，所以其追肥浓度可在小苗时用600倍液、较大时用400倍液、生长特别旺盛时用250倍液、开花结果时用400倍液，分别进行浇灌。

2. 无土基质的施肥

无土基质因为本身含营养元素少甚至不含营养元素，与含土基质的施肥模式主要有下面三点不同。

第一，为了利于控制施肥，一般不使用有机肥。

第二，追肥的间隔时间可适当缩短一些。

第三，除了必须施氮、磷和钾肥之外，也要注意补充其他营养元素。其中特别是对于镁元素来说，因为也是属于植物所需的大量元素，而目前许多石灰材料含镁不多，在栽培时如果叶片出现黄化往往就是镁元素不足的表现，此时就需要使用硫酸镁来进行追肥。目前有的缓释肥料中含有镁，甚至还含有一些其他微量元素，也就是为使用无土基质而配制的。

对于用无土基质栽培的盆花的施肥，最好的办法就是把各种营养元素配制成一定浓度进行追肥，并且定期测定基质EC值（EC值表示电导率或电导度，是指水分和溶液中可溶性盐类的含量。目前市场上有多种简便的EC值测定仪出售）来对施肥情况进行调整。现以一品红生长初期的施肥为例。

一品红在栽培初期的施肥浓度为：$250×10^{-6}$氮，$40×10^{-6}$磷（P_2O_5），$250×10^{-6}$钾（K_2O），$150×10^{-6}$钙，$80×10^{-6}$镁，$2×10^{-6}$铁，$1×10^{-6}$锰，$0.7×10^{-6}$锌，$0.25×10^{-6}$铜，$0.4×10^{-6}$硼和$0.05×10^{-6}$钼。上盆之后1周就可开始施肥，每次浇水即浇肥水。栽培初期基质的EC值应维持在$1.2~1.5$ ms/cm，每两周应当测定一次。如果EC值太低，表示基质中的营养元素含量不足，因此需要提高施肥浓度；如果EC值太高，表示基质中的营养元素含量太高，植株会过量吸收，或引起植株盐害、抑制植株生长，此时必须暂时停止施肥，只进行淋水使EC值降低下来。

目前市场上也有适合某类或某种盆花的专用肥出售，如观赏凤梨、兰花、一品红等的专用肥，使用时按照其包装说明进行。另外，缓释肥料在国内盆花生产中的应用也越来多，应当根据栽培的种类选择购买，按说明使用。

六、松基质和除草

由于经常浇水，一些含土基质容易板结；还有在荫棚下栽培的耐湿种类，因为浇水更多可能使基质表面长出青苔；另外盆里也有可能长出杂草。因此，松基质、除草和除青苔是一项必要的工作。松基质常和除草（包括除青苔）常结合进行，但除草不能代替松基质。松基质应在浇水后待基质表面变干时进行，此时易松基质和除草。若基质太干则松起来较为困难，且往往使杂草不易连根除去。松基质深度以见根为准，虽然这样会损伤植株一些表层须根，但无关紧要，这样反而有利于发生新根。

如果松基质时发现下部基质也很硬，这意味着基质全部已板结，此时就需要更换新的基质。

七、修剪和支缚

参阅上一模块露地花卉的有关内容。

八、通风透气

在阴雨连绵以及南方夏季高温高湿的季节，空气湿度都很大。当空气湿度超过 80% 时，良好的通风条件对盆花是相当重要的。在高湿特别是高温高湿时如果通气不良，容易引起植株缺氧和缺二氧化碳，影响吸收水肥的功能，植株生长缓慢或容易徒长，叶片可能出现褐色斑点、缺乏光泽、黄化、落叶等现象。在高湿下，一些传染性病害及害虫也容易滋生。

所以在高湿季节，在大棚和温室内必须注意保持通风透气。塑料大棚主要是揭起两侧薄膜，温室主要是打开侧窗，安装了排气扇的则将其开启。

九、换盆

换盆就是把盆花换到另外一个花盆上种植的过程，都要使用新的基质。

1. 换盆的原因

通常有三种情况需要换盆：一是有的盆花因为不断长大，一定时间后根群在基质中已无再伸长的余地，因而生长受到限制，一部分根系常从排水孔中穿出，因此必须从小盆换入大盆中，以扩大根群的营养容积，有利于植株继续健壮生长；二是已经充分成长的植株，经过长时间养植，原来盆中的基质物理性质变劣，养分基本利用完毕，或者基质为根系所充满，需要修整根系和更换基质，盆的大小不换；三是对于一些丛生性强的草花，分枝会越长越多直到长满盆，没有再扩展的空间，根群在基质中也没有再伸长的余地，此时也需要换盆，换盆时通常结合进行分株，盆的大小也不需更换。

2. 换盆注意事项

换盆时要注意两个问题：一是盆的大小要选择适宜，按植株生长发育速度逐渐换到大盆中去；二是根据盆花种类来确定换盆的时间和次数，过早或过迟换盆对生长发育都不利。一般来说，一二年生草花生长迅速，在开花前要换盆 2~4 次；宿根草花大都每年换一次盆；木本花卉可 2~3 年换一次盆。通常春秋两季是适宜换盆的季节，一般春季开花的宜秋天换盆，秋天开花的宜春季换盆。某些特殊情况如根部患病等，则可随时换盆。

3. 换盆的方法

换盆之前要先进行脱盆，即把盆株从原盆中取出来。较小的花盆可用左手托住基质的中央，将花盆反扣过来，用右手的手掌磕打盆周，就可以使基质团和花盆分离。较大的中型花盆只用左手常无力将整盆托住，这时可以用双手托住基质把花盆翻过来，将盆沿的一侧轻轻地在地上磕数下，即可将基质团脱出。对于一些有主干的木本中型盆花，可用手握住植株主干，将盆提离地面，同时抬起一只脚在盆沿边蹬几下，花盆就会脱离基质团而落地。

脱盆后，剥掉基质团四周 50%~70% 的旧基质，剪除烂根及部分老根，然后按上盆的过程进行处理。

换盆时也可不剥落原有基质，保持根系完好，放入大盆中，再填入新的基质，此法又称为套盆。

模块三　园林植物的养护管理

由于我国各地气候和土壤条件不一样甚至差别极大，所以各地园林中应用的植物也不一样。植物不同，养护管理的技术也就不同，一些省市也就制定了本地区的有关园林植物养护管理规程或规范。虽然如此，许多养护管理技术在各地还是可以互相通用和借鉴的。另外，园林绿地的植物并不像商品生产的切花和盆花那样要求很高的品质，因此在养护管理上相对比较粗放。

广东的城市园林建设走在全国前列，也制定出了广东省《城市绿地养护技术规范》（DB44/T 268—2005）。本模块摘录该规范中的主要通用技术，并根据实践经验对个别重要技术或未涉及的技术再进行补充或介绍。

园林绿地植物大体分为乔木、灌木、多年生草本植物、地被植物和草坪草几大类。地被植物是指能覆盖地面的低矮的植物。适合作为地被的植物既有草本的，也有木本的。广义上草坪草也属于地被植物，但由于草坪草的习性和草坪养护管理技术与其他地被植物有较大不同，而且在很多绿地中草坪占有相当大的面积，所以本书将草坪的养护管理独立出来在模块四进行介绍。

一、养护管理通用技术

1. 浇水

浇灌的设施应科学、合理，宜采用喷灌或滴灌的节水方式。喷灌时应确保喷水的有效范围与园林植物的种植范围相一致。

进行适期和适量的浇灌，保持土壤中有效水分，避免植物萎蔫。对于花坛及道路分车带内植物，在干旱季节可进行叶面喷水。在花芽分化时应适当控制浇灌量，以免园林植物徒长。

浇灌的时间应根据季节与气温决定，并注意控制水温与表土温差不宜太大，以免造成根系伤害。夏秋高温季节，应避开中午烈日，宜在 10 时之前或 16 时之后进行；冬季及早春，宜在 10 时至 16 时之间进行。用机械进行浇水时，不宜在交通繁忙时段进行。

2. 施肥

提倡应用平衡施肥技术，肥料的种类及数量应根据植物种类品种、生长发育阶段及观赏特性不同确定。生长期应施氮肥为主的完全肥，发育期应增施磷钾肥。每次施肥量应考虑施肥方法。

施肥应以有机肥料为主，无机肥料为辅。不应长期在同一地块施用同一种化学肥料，以免破坏土壤的理化性状。

木本植物宜每年施肥 2~4 次。其中，观花植物应分别在花芽分化前和开花后各施磷肥一次；观果植物应在花前和果实膨大期各追钾肥一次，必要时可在果实生长后期追肥一次。

施肥方法可采用沟施、撒施或穴施，也可结合浇灌进行。干施肥料时，应用土层将肥料覆盖，然后再浇水。

木本植物采用环沟施肥时，其环状沟内径与植物树冠外缘线应保持一致，深度和宽度均为 25~30 cm。

施肥应避免在雨天进行。其中，根外追肥宜在清晨或傍晚进行，浓度一般不宜大于 1.5‰。除根外追肥外，肥料不得触及目的植物的叶片。

3. 中耕与除杂草

在园林植物的生长期内，应经常进行中耕，使根部附近的表层土壤保持疏松和良好的透水透气性。中耕深度以 8~12 cm 为宜，同时应避免裸露或伤害目的植物的根系。中耕应选择晴天，并应在土壤不过分潮湿时进行。

除杂草应在杂草开花结实之前结合中耕进行，可采用物理或化学除草方法。使用化学方法除草时，应根据栽培的目的植物和杂草种类的不同，选择适当的药剂，并采取适宜的方法和浓度，避免药剂喷洒到草坪植物以外的目的植物叶片和嫩枝上。

4. 修剪与整形

修剪与整形应根据园林植物的生物学特性、生长发育阶段、树龄、景观等要求的不同，选择适当的方法和时期进行。

修剪应遵循"先上后下、先内后外、去弱留强、去老留新"的原则，促使园林植物枝序分布均匀、疏密得当，冠形完整、丰满，树形美观。

顶端优势强的植物，应保留其顶芽；轮状分枝的树木，不应短截其一级分枝；顶端优势不强而萌发力强的，应让其形成自然树形，或根据景观需要修剪造型。

早春开花的观花木本植物，应在花后轻剪；夏季开花的落叶植物，应在冬季休眠期或生长相对停滞期修剪；一年多次开花的，应在花后及时轻剪。

观果木本植物应根据其开花结果习性进行修剪，以培养健壮的结果母枝和结果枝为主。花期疏去过多的花朵（序），果期疏去弱小与病虫果，可使植物结果量适中。

休眠期修剪以整形为主，可稍重剪；生长期修剪以调整树势为主，应轻剪。有伤流的植物须避免雨期修剪，应在休眠期修剪。

树木的徒长枝、下垂枝、交叉枝、并生枝、病虫枝、枯枝、残枝、凋枯的叶片和花梗均应及时剪除，以促进生长，保持美观。修剪下的枝叶，应在当天清运完毕。

剪（锯）口应靠近节位，并在剪口芽的反侧，呈约 45°角。剪（锯）口应平整，做到不劈不裂，不留残桩。当一般种类植物枝条的剪口大于 6 cm 或珍稀树种的剪口大于 3 cm 时，剪口应作防腐处理。

5. 有害生物的防治

做好病虫害预测预报，制定科学的病虫害防治预案，采用综合防治措施，做到准确、及时、有效。

采用农业防治、物理机械防治、生物防治等方法，尽量少用化学防治，以减少农药对环境的污染，并避免杀死或影响天敌或有益生物的栖息和繁衍。

有必要采用化学防治时，应选择符合环保要求以及对有益生物影响小的高效低毒农药。同时掌握适当的浓度，避免发生药害。对于同一种害虫，应避免长时间重复使用同一种农药。

在开放性的绿地中喷药，应选择人流较少的时段进行。同时应采取必要的防护措施，避免危及人畜。

城市绿地的鼠害应采用综合治理的对策，通过及时清理鼠类隐蔽的场所和清除绿地中可供鼠类食用的食物，减少绿地上鼠类种群的容纳量。当鼠害种群密度较高时，宜采用化学杀鼠剂杀灭，应选用对人畜安全的剂型，并在夜间投放。对零星的鼠害，宜采用物理方法进行捕杀，之后应及时封堵鼠洞。

6. 补植与改植

死亡的园林植物应及时清除并补植。发现因病虫害致死的植物，应对土壤进行消毒，并可更换种植穴内的土壤。补植的植物应选用与原植物种类或品种一致以及规格和形态相近的植株。

对生长环境不适应或与周围环境不协调的园林植物，应及时改植。

7. 清洁与保洁

城市绿地内应保持清洁，做到无垃圾杂物，无石砾砖块，无干枯枝叶，无粪便污物，无悬挂物，无蚊蝇滋生。归堆后的垃圾和杂物应做到不过夜、不焚烧，并在当天清运完毕。

城市绿地内的各种园林建筑、小品、园路、铺装场地及其他设施应经常清洗和清洁。与城市绿地无关的张贴物、悬挂物等应及时清除。

8. 防护

为防止人为破坏或过度践踏开放性城市绿地，必要时应分期、分区进行封闭式养护。所设置的围闭设施，应符合安全、美观和环保的原则。

建立热带风暴防御紧急预案，在风暴来临前，必须采取对应的防御措施。对浅根性、树冠庞大、枝叶过密的园林植物，可分别采取疏枝、立柱、绑扎、培土等防御措施。风暴过后，对阻碍交通或影响观瞻的枝叶或树体应立即清理；对倒伏和受损的树体，应及时扶正和支撑；折断或劈裂的枝丫，应去除残桩或修整断（裂）口；较大的伤口应作防腐处理；损伤严重的，应立即清除并及时补植。同时，适时拆除支撑物。

易受寒害或冻害的园林植物，应在寒潮来临之前做好防护措施。应在立冬前根据树种的不同，分别采取控制晚秋新梢的萌发、剪除已萌发而未充分老熟的新梢、根际培土或覆草、主干包扎或覆盖塑料薄膜等措施进行防寒。用于植物的包扎或覆盖物，宜在次年3月底前清除完毕。

及时清除树体上空洞的腐烂部分，必要时要设置加固或支撑，并用具有弹性的材料封堵孔洞，其表面色彩、形状及质感应与树干保持一致。

城市绿地中的排水设施，应在每年雨季来临前全面清疏一次。绿地中的低洼地，应通过增设排水管道、雨水口或改良土壤的通透性等措施排除积水。暴雨后，应及时排去种植穴、树盘内或草坪上的积水。

9. 安全作业

园林机械的操作人员应在上岗前接受必要的岗前培训。凡须持证上岗的，必须取得相应的上岗证，并应严格按照操作规程作业。园林机械作业前，应对施工现场围合及标示。

在城市主次干道、快速路或高速公路上作业时，应选择在非交通繁忙时段进行。作业人员必须披戴具有反光标志的背心，并应在距离作业点正方向和反方向分别不少于 80 cm 和 150 cm 的地方，设置反光警示牌及其他警示标志。

截除较大的树枝、藤蔓或砍伐清除枯死的树体时，应预先制定施工方案和应急预案，采取必要的安全措施。砍伐或清除枯死树体，应严格依次按照先锯除侧枝和主枝，再分段锯除主干，最后挖除树兜和回填种植土的操作程序作业。

10. 各类植物的养护管理

（1）乔木

定植 5 年内的乔木，应定期浇灌与施肥。

应通过修剪形成并保持乔木的树形，做到主、侧枝分布匀称，内膛不空，通风透光，树冠完整，树形美观。

针叶类乔木宜疏剪，不宜短截主干或重剪侧枝，但宜及时剪除影响游览或公共安全的下部枝条。

阔叶类乔木树干上的不定芽应及时抹除，且不得拉伤树皮；及时清除根蘖枝，但应避免对树木的主根造成伤害。

成形的阔叶类乔木，应以疏剪过密枝、短截过长枝为主，保持其自然树型和观赏特性；造型乔木应按设计要求及时进行修剪。

棕榈类乔木不应剪切顶梢，但应及时剪除干枯的叶片。叶鞘自然脱落的棕榈类，不宜人工割除叶鞘。基部萌生的植株，应根据生物学特性和景观要求，予以清除或保留。

靠近快车道的行道树，主干 3 m 以下的分枝宜全部剪除。同一道路的行道树，生长较快的应重剪，生长较慢的应轻剪，以使树冠的大小保持一致。

行道树树冠下缘线的高度宜保持一致，一般不低于 3 m；道路两侧树冠的外缘线应基本在一条直线上，并与路缘线相协调，顶部高度宜基本保持一致。

道路两侧行道树完全郁闭时，宜剪除部分枝叶，以使道路中线上方垂直保留 100～150 cm 的透光、透气通道。

行道树特别是浅根性或具有板根的乔木，其树穴范围内不宜种植地被植物。

为保证行道树高度、体量和形态基本均匀一致，对生长较差的应增加施肥次数或进行土壤改良。

行道树应保持树干直立，对树身倾斜的应及时扶正。倾斜的行道树数量不得超过该路段行道树总数的 7%。

迁移或砍伐乔木必须符合有关法律法规的规定，并按照规定的审批权限及程序，在取得相应的行政许可后，方可进行。

（2）竹类

种植后 2 年内的竹类，应及时浇灌或排涝，浇灌的水应渗透至土表 5 cm 以下。应经常中耕和除杂草，松土深度一般为 15～20 cm，但不应损伤竹鞭或竹笋，拔除的杂草可覆盖在植株周围。宜在每年 3 月上中旬、6 月上旬和 11 月中下旬各追肥一次，其中秋冬追肥应施有机肥。

新栽植的竹林，应及时疏笋、护笋，每株母竹应去除弱笋、病笋，保留 2～3 个健壮竹笋，并挖除出笋末期的竹笋，对散生竹的边笋和冬笋则应予保留。

成年竹林应在每年的 4—6 月份施肥 1～2 次，肥料以有机肥为主。5—6 月为竹鞭快速生长期，应将成片的散生竹林缘外 2～3 m 范围内的土壤深翻 30～50 cm，或在林内空隙较大处深翻，将老鞭清除，施入有机肥。对丛生竹，则应在竹丛内及周围 50～100 cm 范围内覆盖一层厚 25～35 cm 的种植土，促进竹鞭的伸展及生长。

当竹林进入郁闭期，宜采取"砍劣留优、砍密留稀、去小留大"的原则，挖除初期笋、末期笋、弱笋和病笋，培养健壮竹株，促使竹林的竹龄结构合理、密度得当。同时，应将老的和已死亡的竹头挖除，并用富含有机质的种植土壤填充空隙。

（3）灌木与木本地被植物

模纹花坛、绿篱和造型的灌木，应及时修剪，以保持图案清晰、层次分明、面线平整、线条流畅、冠形丰满。对自然生长的灌木，修剪应以维持植物自然形态为原则。每次修剪的剪口位置应稍高于前次。

绿篱的控制高度应符合设计要求，满足功能需要。矮篱的高度应控制在 50 cm 以下；中篱的高度应控制在 50~120 cm；高篱的高度应控制在 120~160 cm；树墙高度则控制在 160 cm 以上。当绿篱的修剪控制高度难以满足要求时，则应进行回缩修剪。

人行横道和道路交叉口处 3.5 m 以内分车绿化带中的灌木或绿篱，其修剪或造型的控制高度不得超过 70 cm；道路中间分隔带的绿篱，修剪高度宜保持在 60~150 cm。

木本类地被植物，应根据其生物学特性及景观要求控制高度，一般不宜超过 60 cm。对于阻碍景观透视线的大型灌木，应及时修剪，并要符合景观要求。

（4）藤本植物

藤本植物尚未达到棚顶或篱顶时，应设立支撑物并作牵引，以利其攀缠。当以建筑物墙（柱）体为攀缠对象时，应经常进行绑扎、整理。

藤本植物的修剪应以促进分枝为主，加快覆盖和攀缠的速度；同时，剪除徒长枝和下垂枝。多年生的藤本植物应定期翻蔓，清除枯枝，疏删老弱藤蔓。

生长在沿街棚（篱）架或立交桥上的藤本植物，其下垂藤蔓必须及时修剪，以免影响行车安全。其滴灌设施必须经常检修，以免浇灌时影响行人及车辆。

（5）草本花卉

宿根或球根花卉应根据其种类特性及生长状况，每年或每隔 1~2 年于休眠期或相对休眠期进行翻种更新。翻种时应先将其地上部分剪去，并将老的根茎段或母球去除。

草本花卉的浇灌宜采用滴灌或微喷灌的方式。人工浇水时，应控制水的流速和水量，避免冲刷花朵，并应防止泥土溅到花卉、茎和叶上。

应施足基肥，并视种类品种的不同，在生长期和开花期适当追肥。追肥宜采用颗粒肥料，也可采用水肥。必要时，可进行叶面追肥。

根据种类品种和花期要求的不同，及时整形，可分别采用摘心或疏枝措施，以促使其株型美观、适时开花、着花整齐。

草本花卉的修剪不宜在雨后立即进行，残花、枯萎的黄叶和花蒂（梗）或植株则要及时清除。

成片种植的草本花卉，在未完全覆盖地表前，应及时中耕与除杂草，但不应损伤植物根系。

（6）水生植物

漂浮植物或浮水植物应进行围合，固定其位置和范围。繁殖密度过大时，应剔除部分老植株。

观花的沿生或挺水植物，每年至少应施肥一次。施肥应以有机肥为主，以块状、粒状或粉状肥料，点状埋施于根系周围深度 25 cm 以上的淤泥中。

生长过度不良的水生植物应及时更换或重新种植，并应在其休眠或生长相对停滞时进行。

二、养护管理技术的补充

1. 浇水

不同的植物，对土壤水分的要求是不同的。对于面积比较大的园林绿地，乔木、灌木、多年生草本植物、地被植物、草坪草等往往相互交织成片。由多类植物组成的绿地，在浇水时，不可能也不需要对每类植物分别按照自己对水分的要求来进行浇水。例如，只要向其中的地被植物进行浇水，由于水会向下渗透，旁边的或中间的乔木和灌木也就同样可以得到水。因此，园林绿地什么时候需要浇水，通常是由其中最不耐旱的植物所决定的，主要是地被植物或草坪草，因为它们的根系最浅。

地被植物的浇水时间和次数，因种类品种、对地被质量的要求、地区、季节、天气状况、周围环境、土壤质地和结构、植株大小、生长发育时期等而异。总的说来，由于地被植物一般耐旱性都比较强，在生长季节干旱的时候，每周浇 1~2 次水就可以了。

2. 施肥

不同的植物及其在不同的生长发育时期对营养的需求是不同的。如果能够对每类或每种植物分别按照其各自的营养需求来进行施肥，是最好的，但是这种做法过于麻烦。由于只要向其中的地被植物进行施肥，旁边的或中间的乔木和灌木也就同样可以得到肥料，所以为了避免麻烦，对品质要求不是特别高的园林绿地，可以考虑使用氮（N）∶磷（P_2O_5）∶钾（K_2O）＝1∶1∶1的复合肥，这种复合肥对各种园林植物都是适宜的。肥料撒施后要及时浇水，防止有颗粒留在叶片或花上造成叶花肥伤。

3. 修剪

为避免大树枯枝和大型枯叶掉落伤人的情况发生，及时锯除或剪除大树的枯枝和大型枯叶是一项必要工作。由于树木高大，操作者必须十分注意安全保护。

目前很多乔灌木都把树冠修剪成圆球形，虽然这种造型具有特别的观赏价值，但是像大红花、红绒球、九里香、马茶花等观花价值很高的种类，不应当为造型而造型，而应当让其充分发挥观花的价值，当植株将要进入花芽分化期就不要进行修剪，在开花期即使株型不太好，也不要重剪。

对于美人蕉、花叶艳山姜、蜘蛛兰等植物，在花谢后要及时剪去残花茎，避免影响美观及徒耗植株的营养。

各种枝剪每次使用以后要擦干净，甚至用水洗干净再擦干，然后把金属部分涂一层机油以防止生锈。目前市场上也有不会生锈的全不锈钢枝剪出售。

4. 农药使用

农药特别是杀虫剂会对人体造成伤害。有些小孩会去攀爬树木，有的观花类的花和观果类的果经常会被人采摘，所以为了安全起见，园林植物在使用了农药特别是杀虫剂之后的一段时间，应插牌给予警示。

5. 红火蚁防治

目前在不少地方，红火蚁在园林绿地中发生严重。红火蚁身体棕红色，腹部常棕褐色。红火蚁可以用火蚁净、红火蚁克星、火蚁一扫清等专门药剂进行防治。

人被红火蚁咬伤后，伤口会有火灼伤般疼痛感并发痒，之后还会红肿，再长出脓包（可维持约4天），少数体质敏感的人可能发生严重的过敏性休克。所以在人工进行拔草或其他操作时要特别注意，尽量戴手套、穿长衣长裤、布鞋和袜子，防止被红火蚁咬伤。被咬伤后可用肥皂与清水清洗患部，并可进行冰敷处理，以缓解瘙痒与肿胀感。患部还可用肤轻松软膏、皮炎平、皮康霜等含类固醇的药膏进行涂抹，尽量避免搔抓患部，避免将脓包弄破，以防伤口的继发感染。多数人约10天会复原。被咬伤后如果反应较激烈，如出现全身性瘙痒、荨麻疹、脸部燥红肿胀、呼吸困难、胸痛、心跳加快等症状，必须尽快去医院就诊。

模块四　草坪的养护管理

在草坪学上对于草坪的概念，是指以禾本科草或质地纤细的植被为覆盖，并以它们大量的根系或匍匐茎充满土壤表层的地被。实际上在我国各地，绝大多数甚至全部的草坪草，都是禾本科的植物。本书介绍的草坪养护管理，也就是禾本科草坪的养护管理。

草坪植物作为园林植物中特别的一类，在养护管理上也有其特殊的技术。特别是对于开放式的草坪，因为经常受到践踏，对草坪草的影响很大，过度的践踏是草坪质量下降的最主要原因，也大大增加了草坪养护管理的难度。

一、草坪草的种类

草坪草按照对温度的生态适应性不同，可分为暖季型草坪草与冷季型草坪草两大类。暖季型草坪草广泛分布于气候温暖的湿润、半湿润及半干旱地区，通常耐热不耐寒，最适生长温度为26~32℃。冬季的低温是影响暖季型草分布与应用的关键因素，有的在10℃以下就可能受到冷害，停止生长，随着低温时间变长或继续降温，叶子逐渐枯死而仅以植株基部的根颈进行越冬。所以在南方地区，用于建坪的草主要是暖季型草，主要有台湾草、地毯草、'兰引三号'结缕草、马尼拉草（沟叶结缕草）、夏威夷草（海滨雀稗）、天堂草（百慕大草）、钝叶草、两耳草、假俭草等，其中又以前两种应用最广泛。

1. 台湾草（彩图101）

科属：禾本科，结缕草属

学名：*Zoysia tenuifolia*

别名：细叶结缕草、天鹅绒草

特点：多年生草本植物，原产日本和朝鲜南部地区。植株具细而密的根状茎和节间极短的匍匐枝。秆纤细，高 5~10 cm，叶舌短，纤毛状，或边缘呈纤毛状。叶片纤细，长 2~6 cm，宽 0.5~1 mm。总状花序，长 1~2 cm。小穗穗状排列，狭窄披针形。每小穗含 1 朵小花。颖果卵形，细小。喜阳光，不耐阴，耐湿。耐寒力较差。耐践踏。

2. 地毯草（彩图 102）

科属：禾本科，地毯草属

学名：*Axonopus compressus*

别名：大叶油草

特点：多年生草本植物，植株低矮，具长匍匐茎。匍匐枝蔓延迅速，每节上都生根和抽生新植株，植株平铺地面呈毯状，故称地毯草。地毯草是叶片最宽的草坪草，叶片扁平，质地柔薄，长 5~10 cm，宽 6~12 mm。总状花序通常 3 个，小穗长圆状披针形，含 2 小花。喜阳光，也较耐阴，故适合在有遮阴的地方如大树底下种植。不耐寒。耐酸性及较贫瘠的土壤。喜欢潮湿的土壤，抗旱性较差，但在水淹条件下生长不好。

二、草坪草灌溉

灌溉是补充天然降雨之不足，保持草坪所需质量的必要措施。只有保证草坪植株能吸收到足够的水分，才能让植株正常生长发育，提高草坪的耐磨和耐践踏能力，加快草坪的恢复速度。

灌溉的时间和次数，与地区、季节、气候、草种和品种、生长发育时期、土壤、养护水平、受践踏的程度等因素有密切的关系。作为一般情况，在生长季节每周浇水 1~2 次是适宜的。在高温干旱季节，或者由于坪床保水力差，每周可浇水 2 次。浇水量以湿透根系层为宜。一般而言，土壤 10~15 cm 深处已湿润时，即表明已浇足了水。草坪不需要也不适宜每天都进行浇水。

一天当中的具体浇水时间，最好在清晨或傍晚时进行，从减少病害的角度来说，清晨浇水要比傍晚更好些；从提高水的利用率来说，傍晚浇水更好，但晚上若有组织活动，则不适宜。在炎热的夏季中午，如能给予草坪喷水，对降低草坪表面和周围空气的温度是有益的。草坪草处于休眠期间，则可以大大减少浇水次数，甚至完全不进行浇水。

三、草坪草施肥

草坪草一般需要施的肥料是氮肥、磷肥和钾肥。因草坪草主要利用的部分是叶，所以需要最多的首先是氮，其次是钾，再次是磷。

1. 氮肥

当草坪缺氮时，叶片会变成黄绿色。一般来说，草坪在春季和秋季可各施 1~2 次速效氮肥，夏季施 2~3 次氮肥。每次的施用量按每平方米施有效氮 3~5 g 为宜。施用时把肥料颗粒均匀撒在草坪表面上，然后及时浇水，以防止肥料颗粒留在叶片上造成灼伤。

2. 钾肥

对于一般的草坪，施钾肥的量相当于施氮肥的一半（$N : K_2O = 2 : 1$）即可。也有一些管理者为增强草坪草的抗逆性，把施钾量提高至与施氮量相等的水平。

3. 磷肥

在一般情况下，每年追施 1~2 次磷肥即可，通常用 1%~2% 的磷酸二氢钾来进行叶面喷施。也有报道认为磷肥（以 P_2O_5 计）每年的施用量每平方米 5 g 即可满足草坪的需要。

目前很多管理者直接使用一般的氮磷钾复合肥来对草坪进行追肥，这种复合肥料使用起来更为方便，适宜的比率是氮：磷：钾（$N : P_2O_5 : K_2O$）= 4 : 1 : (2~3)。也有人使用含氮磷钾的缓释肥料来对草坪进行施肥，其肥效期长，使用效果佳。当今市场上还有草坪专用肥出售。

四、草坪草修剪

修剪又称剪草、轧草或刈割，是为了维护草坪的美观或为了特定的目的使草坪保持一定高度而进行的定期剪割去草坪上部多余枝叶的工作。草坪草若不进行修剪，将降低甚至失去其观赏价值和使用价值。禾本科草坪草具有一个很短的短缩茎（称为根颈），通常修剪时只是剪去上部部分叶组织，主要是由于未受损伤的短缩茎因有强的再生能力而不断萌发新叶，所以草坪草是耐频繁修剪的。修剪时，在草坪草能忍受的修剪范围内，修剪得越短，越显得草坪均一、平整和美观，适宜的高度也利于充分发挥其坪用功能。

草坪应定期修剪，有其科学的原则和要求，但目前许多管理者缺乏此方面的详细知识，甚至随心所欲地进行修剪，这对草坪的观赏和使用造成很大的影响。

1. 修剪高度

每次修剪时草坪草剩下的高度，称为修剪高度或留茬高度。根据每一种草坪草生长特性、遗传特点、气候条件和栽培管理水平，可以大致确定一个特定的修剪高度范围，在这个范围内，草坪通常都可以获得令人满意的质量。每种草坪草适宜的修剪高度范围是比较宽泛的，如台湾草适宜的修剪高度是 1.3~5 cm，最高的修剪高度是最低修剪高度的约 4 倍；地毯草适宜的修剪高度为 2.5~5 cm。

既然修剪高度范围比较宽，那么在这个范围内到底是选择低些还是高些？这就需要根据具体的情况而决定。例如，如果草坪受践踏严重，就应选择较高的修剪高度，以增强植株的抵抗不良因素的能力。在践踏不严重或者有良好的养护管理措施以及养护经费充足的情况下，可以选择较低的修剪高度，以增强美观。对于树下或建筑物遮阴处的草坪草，因光照不足以及其他一些原因，经常处于瘦弱状态，应选择更高的修剪高度，以让植株更好地适应遮阴条件。

当草坪草遭受不良因素影响时，最好提高其修剪高度。草坪在生长季节的早期和晚期出现低温时，应修剪得高一些。当草坪由于病虫害或其他原因受伤而重新恢复时，也需要提高修剪高度。

在休眠期间，草坪草可以剪得比其可耐的最低高度略低一些。在生长季节开始前，草坪也可以修剪得低一些，这种低修剪能加速草坪草春季返青。

2. 修剪原则

对于某一具体的草坪，当其修剪高度确定下来之后，修剪的具体时间是由修剪的 1/3 原则所决定的。1/3 原则就是指每次修剪时，剪掉的部分不能超过草坪草茎叶自然高度的 1/3，通常修剪时都剪去 1/3。

按照 1/3 原则，当草坪草的高度达到修剪高度的 1.5 倍时，就应该修剪。例如，修剪高度确定为 4 cm，那么当草长到 6 cm 高时就要进行修剪，因为按照 1/3 原则，剪去 2 cm 后即剩下 4 cm。

目前许多管理者在对草坪进行修剪时往往存在修剪太多的问题，也就是剪去的部分超过甚至大大超过原有高度的 1/3。如果修剪得太多，大量叶片组织被剪除，草坪草的光合作用能力就受到严重影响，根系生长也会减少，大部分储存养分会被消耗，草坪就容易衰败；若修剪过低使得草坪草根基受到伤害，大量生长点被切除，草坪草就会丧失再生力。有时候因为一些原因没有及时修剪而使草坪草长得过高，此时也必须遵守 1/3 原则定期间隔剪草，增加修剪次数，逐渐将草坪降到要求的高度。但是对于粗放管理的草坪，不必逐次修剪。

反之，如果修剪得太少，也就是在草坪草远未长到适宜修剪高度之前就进行修剪，则将产生一种蓬乱、不整洁、浮肿的外观。频繁地进行如此修剪，会增加修剪次数。过分频繁修剪将会导致根系、根茎和幼叶减少，营养物质储存量降低，叶组织汁液增加，叶片质地粗糙，草坪密度下降，芜枝层密度增加；同时由于修剪伤口的增加，也给病原菌的侵入增加了机会，叶子的多汁性也给虫害的发生造成了有利环境，间接增加管理费用的投入。

3. 修剪频率

草坪的修剪频率是指一定时期内草坪修剪的次数。修剪频率决定于草坪草的种类、品种、生长速度、草坪的用途、质量、养护水平等因素。如果修剪高度定得低，剪草的频率就要高；夏季草生长速度快，春秋季生长速度较慢，所以夏季修剪频率比春秋季高；大量施肥和灌溉多使草坪草生长较快，修剪频率也较高。

4. 修剪注意事项

同一草坪，用剪草机修剪时每次应变换行进方向，要避免在同一地点里同一方向的多次重复修剪，否则草坪将趋于瘦弱和形成纹理现象（草叶趋于同一方向的定向生长）。

如果剪下的叶片较短，可直接将其留在草坪内分解，将大量营养返回到土壤中。这时遵守 1/3 原则就很重要，因为剪下的茎叶越短越容易落到土壤表面，不会影响美观，草屑还能迅速分解，不会形成枯草层。草叶太长时，要将草屑收集带出草坪，留在草坪表面会影响美观以及下面草坪草的光合作用，滋生病害。收集的草屑可以用石灰堆沤腐熟后，作为有机肥施回到草坪上。发生病害的草坪上剪下的草屑则应清除出草坪并进行焚烧处理。

有的草坪边缘用石或水泥砌筑，剪草机无法修剪到边缘的草，需要人工进行修剪。草坪边缘还要经常进行人工切边，也可用专门的切边机切边。

5. 安全使用剪草机械

随着草坪业的发展，草坪管理的机械化程度越来越高。剪草机械有滚刀式、旋刀式、连枷式、甩绳式等类型的手推或坐式剪草机，还有便携式电动草坪修剪机。目前用得最多的是手推式旋刀剪草机和便携式电动草坪修剪机。由于剪草机械的刀片锋利，如果操作不当，很容易对人造成伤害，甚至截去手指或脚趾。所以，任何人在操作剪草机械以前，都应该学习以下安全操作规程。

（1）操作剪草机械前，要认真阅读使用手册，了解正确使用机械的方法。

（2）剪草前将草坪内所有的小石块、砖头、树枝等垃圾拣出去。

（3）启动发动机前，首先要掌握如何迅速停止发动机运转，以便发生意外时紧急停车；其次要检查汽、机油是否需要添加，如需加油，要将剪草机移到草坪外，以免燃料溢出伤害草坪。

（4）启动时，注意将手脚离开刀片；在相对平坦的地方启动机器；启动手推式剪草机时，一只脚踏在剪草机底壳上，另一只脚离开剪草机一段距离，踩在实地上。

（5）机器启动后，不要让非操作人员（尤其是儿童）靠近剪草机械。

（6）当离开剪草机时，即使是一分钟，也要立即关闭发动机。新型的剪草机一般都安装了安全装置。

（7）检查刀片前，先拔下火花塞，以防发动机意外启动。

（8）剪草机工作时，不要移动集草袋（斗）。

（9）在剪草时，应穿戴较厚的保护工作服和鞋子，带有安全尖的鞋最好，鞋尖应有良好的摩擦力，以防滑脱。

（10）手推式剪草机一般向前推行，切忌向后拉，因为向后拉有可能伤到操作者的脚。

（11）在斜坡剪草，手推式剪草机要横向行走，车式剪草机则顺着坡度上下行走。

（12）草坪潮湿时，尽可能不修剪。因为经过湿草时，一方面操作者容易滑倒，另一方面剪下的草叶粘在一起，阻塞剪草机，造成收草困难。

（13）发动机发热时，禁止向油箱里加汽油，要等发动机冷却后再加燃料。

（14）剪草时要保持头脑清醒，长时间操作剪草机要注意休息，切忌操作时心不在焉。

6. 剪草机的维护保养和故障排除

剪草机有不同的类型，表 4—2 和表 4—3 分别列出一般剪草机的维护保养和常见故障及排除的方法，供参考。

表 4—2　　　　　　　　　　　剪草机的维护保养

序号	项目	使用前	使用后	使用 10 小时	使用 25 小时	收存前
1	检查机油油位	√				
2	更换机油				√A、B	
3	清理空气滤清器				√	
4	检查消音器				√	
5	清理或更换火花室				√	
6	更换空气滤清器纸芯				√B	
7	检查紧固件，防止松动	√				√
8	检查清理集草袋	√	√			√
9	清理剪草机机体					√
10	检查行走机构			√		
11	清理行走机构				√	
12	检查、修磨、更换刀片			√C		
13	润滑运动件及轴				√	√
14	清洁电池、电路				√	√D

注：A 表示经常使用或高温环境下经常更换；B 表示使用环境灰尘大时应经常清理；C 表示在沙质土壤或杂物多的草坪应经常更换；D 表示换季收存时电池应充足电。

表 4—3 　　　　　　　　　　　　剪草机常见故障及排除

故障现象	序号	产生原因	排除方法
不启动	1	空气滤清器过脏	清洁，更换滤心
	2	燃油耗尽	加油
	3	燃油陈旧	排除旧油，加注新油
	4	燃油进水	排出残油，加注新油
	5	火花室线脱落	复位接线
	6	火花室失效	更换火花室
	7	刀片松动或接口破损	更换或紧固部件
	8	控制杆脱落	压合控制杠
	9	控制杆失效	更换控制杆
	10	电池弱电	充电
	11	电池接线脱落	按说明书接通线路
动力不足	1	剪草机刀盘、刀片被长草堵住	设定较高切削速度
	2	剪草量过大	设定较高切削速度
	3	滤清器过脏	清洁、更换滤心
	4	切削杂物粘在底盘	清理底盘
	5	机油过多	调整至规定油位
	6	行走速度过快	降低速度
切割不平整	1	刀片磨损、弯曲或松动	更换或紧固刀片
	2	轮子高度设置不一致	调整轮高
	3	汽油机转速偏低	加油提速
	4	切削杂物粘在底盘	清理底盘
振动过大	1	刀片磨损、弯曲或松动	更换或紧固刀片
	2	汽油机曲轴变形	联系授权汽油机维修商
启动绳拉不动	1	控制杆脱落，飞轮被制动	按启动程序操作
	2	汽油机曲轴变形	联系授权汽油机维修商
	3	刀片法兰破损	更换法兰
	4	长草堵塞刀盘	移机至平地或低草地启动
行走机构失效	1	切合后驱动轮不转	调整或更换驱动线
	2	链、带不工作	检修行走传动部件

续表

故障现象	序号	产生原因	排除方法
集草袋不收草	1	修剪量过大或草湿度过大	调整修剪时间或力度
	2	刀片尾翼磨损	更换刀片
	3	汽油机转速偏低	加油提速
	4	集草通路不畅	清理集草袋和通路
剪草机推不动	1	一次修剪量过大	分次修剪
	2	剪草机刀盘被长草堵住	后退、提速、缓行
	3	集草袋装满	排空集草袋
	4	手柄高度不适合操作者	调整手柄至适当高度

五、防治杂草

在草坪上，当杂草少而分散时，适宜使用人工除草的方法，这样可以把杂草连同地下部一起挖除。在杂草发生比较严重的情况下，用人工除草的方法则效率低、成本高，此时需考虑使用一些有效的除草剂。由于草坪上可能发生的杂草种类有很多，除草剂的种类也有不少，而每种除草剂的防治对象、杀草机理、使用时期、浓度、方法等都不完全一样，因此必须慎重地选择和使用除草剂。在禾本科草坪上如果双子叶杂草比较多时，常使用2，4-D丁酯、二甲四氯（注意用量不要过大，否则草坪草可能产生药害）等药剂来进行喷杀。一般来讲，对于人们可以自由出入的休憩草坪，应尽量少用或慎用除草剂，使用之后则要插牌说明禁止进入。

六、防止或减少土壤坚实

土壤坚实是草坪的一个严重问题，特别是人流量大、活动频繁的草坪。即使有的草坪人流量较少，但若不加管理，时间长了，也一样会使土壤坚实。土壤坚实会产生根系缺氧、水肥难以渗入土壤中等问题，最终会导致草坪质量严重下降甚至死亡。

当草坪践踏损坏趋于严重时，最好是用绳子围起来，设置"请勿入内"的牌子，并进行打孔，加强水肥管理，让草坪休养生息一段时间。在休眠的草坪重新发芽后的一段时间，也应当防止游人入内。

当草坪出现土壤坚实后，可用机械耕作的方法，如打孔、划条、穿刺等来减轻土壤的坚实，增加土壤的透水透气性。打孔机是在草坪上可以打出许多孔洞的一种机械，打出的孔深度和大小均匀一致。打孔的最好时间是在晚春或早夏，不要在土壤太干或者太湿时进行。打孔后通常要进行覆土工作，以排水透气性良好的沙质土或沙子填充于孔中。

划条也能够减轻土壤的坚实，对草坪的损伤较小，作业时间也可不受限制。

七、草坪的修复与更新

即使是在上述正常的养护管理下，由于气候、使用、管理人员失误、时间等原因，草坪难免还会发生一些严重的质量问题。例如局部草坪的过度践踏，会导致斑秃；在一些刚建植不久的草坪上，由于草坪内的小路设计不合理，人们又喜欢走捷径，草坪内就会被人们走出一条泥土裸露的小路；在高温高湿的情况下，病害容易发生，常造成草坪毁灭性的伤害；汛期连续的暴雨使草坪受淹，引起植株大量死亡等。

当草坪中局部出现严重问题时，可考虑对这部分进行修补更新。首先清除这些被破坏的局部土地上的全部植株（包括死的和活的），再对表土进行松土、施基肥、平整、压实等工作，之后再补铺相同品种的草皮块。补铺处开始要围起并插牌，防止游人入内践踏。

当整块草坪的质量出现严重下降时，需考虑对整块草坪进行全部更新。先使用草甘膦等非选择性灭生除草剂把草坪草和杂草全部杀死，选择与原来相同的或者完全适应当地环境条件的新品种，然后按上述局部更新的办法操作即可。如果是因为土壤存在严重的问题，应先对土壤进行改良，否则新的草坪植物又会很快变坏。当现有土壤表层土太浅，不能生长出茁壮、稠密的草坪植物群体时，必须添加新土。

八、遮阴下草坪的养护管理

在树荫下的草坪，往往生长较弱且稀疏。即使原来是铺上草皮块或草皮卷的，不久也会出现草坪的衰退甚至完全死亡现象。追究起来，光照不足是引起这些现象的主要原因。

遮阴处的草坪草，遮阴越浓，生长就越困难。遮阴程度因树木种类、数量、高度以及树与树之间的距离而有差别。例如，具有浓密树冠的小叶榕、人面子等，遮阴度极大；棕桐科中的大王椰子、假槟榔等，因树高叶少而遮阴度小。树木如果成丛栽植，其遮阴度会比单株显著增加。

在遮阴下要养护出良好的草坪，首先要选择耐阴性强的草坪草，如地毯草、钝叶草等。其次是采取相适宜的养护管理措施。例如，修剪高度适当高一些，一般以 6.4~7.6 cm 或者更高些为宜；遮阴下的草坪草由于生长缓慢，比受全光照的草坪草需要的肥料少，一般少量施肥即可；遮阴处草坪最好每周浇水 1~2 次；遮阴下的草坪应禁止践踏；将树木剪去一部分较低处的树枝；随时清走草坪上的落叶等。

实施上述这些管理措施，虽然能使草坪草更适应遮阴条件，但是如果遮阴过于严重，即使采取完好的养护管理措施，草坪草也会生长稀疏甚至完全死亡。当遮阴严重到如此程度，就没有再种草的必要了，否则就必须砍掉树木。在不种植草坪草时，可以采取一些改变树荫下土壤裸露的办法。例如，用其他一些极为耐阴的地被植物如沿阶草、蕨类植物等来代替草坪草；在地面上覆盖一些材料如木屑、树皮、砖块、大理石片、石砾、沙子等；设立一些座椅等。其中，作为多年生常绿草本植物的沿阶草，植株低矮，喜温暖，除了相当耐阴外，耐旱和耐瘠能力也很强，在广东作为阴地的地被植物应用很普遍，效果良好。

九、草坪的病虫害防治

草坪上可能发生的病虫害有许多，如币斑病、褐斑病、镰刀菌枯萎病、霜霉病、春季坏死斑病、蘑菇圈（仙环病）、锈病、白绢病、叶斑病、黏霉病、白粉病、线虫病、蛴螬、斜纹夜蛾、蚜虫、红蜘蛛、蜗牛、蛞蝓、蝗虫等，应当选择适宜的农药来进行防治。

对于开放式的草坪，使用农药时还要特别注意游人的安全问题，因为有些杀虫剂会毒死人或严重伤人，即使一般相对无毒的杀虫剂，也能使人的皮肤发炎。由于游人有可能在草坪上坐、卧等，甚至饮食，如果草坪上残留有农药，农药就有可能接触到人体，甚至通过呼吸（挥发的农药气体）或口部进入人体。所以为了安全起见，在草坪使用了农药特别是杀虫剂之后的一段时间，应采取措施禁止游人入内，杀虫剂则应尽量使用毒性低、残效期短的品种。

花卉的病虫害及其防治

模块一　花卉的害虫及其防治

一、花卉害虫基本知识

1. 害虫的口器

口器是害虫的取食器官。了解害虫口器的类型对于识别和防治害虫均有很大的意义。可以根据口器类型，判断花卉的不同被害症状，同时也可根据被害症状，来确定是哪一类害虫造成的损害，为选择杀虫农药提供依据。

危害花卉的害虫主要有两类不同的口器。第一类是咀嚼式口器，其典型的危害症状是给植株造成各种形式的机械损伤。例如，有的害虫能取食叶片、枝梢、茎、花、果实等，造成缺刻、穿孔、缺失等现象；潜叶蝇钻入叶中潜食叶肉，使叶片出现不规则的白色条纹；卷叶蛾是用丝缀叶，使叶卷起藏在里面，饿时爬出来取食附近的叶和茎；蛴螬就藏在盆土中，咬食根部，能使幼苗枯死等。

第二类是吸食汁液类型的口器，主要以口器刺入组织内的方式为主，吸取植物的汁液，就像蚊子吸人血一样。植物受害后出现褪色斑点，受害点多时叶片、花瓣等会出现卷曲、皱缩、畸形、枯萎等现象。这类害虫往往还会传播病毒病；其中的一些还会分泌出发黏的液体，俗称"蜜汁"，容易吸引蚂蚁吸食以及引起煤污病的发生。

2. 害虫的生长和发育

害虫的个体发育可分为胚胎发育和胚后发育两个阶段。胚胎发育是在卵内进行直到幼虫孵出为止，胚后发育是指由幼虫孵出直至成虫的性成熟。

大多数害虫在胚胎发育完成后，幼虫即破卵壳而孵出，称为孵化。

害虫自卵孵出，即进入幼虫期。随着虫体的生长，经过一定时间，要重新形成新表皮，将旧表皮脱去，这种现象称为蜕皮。蜕下的那层旧表皮称为蜕。

在正常情况下，幼虫生长到一定程度就要蜕一次皮，其大小可用蜕皮次数来作为指标。从卵中孵出的幼虫称为第一龄，第一次蜕皮后称为第二龄，如此类推。在相邻的两次蜕皮之间所经历的时间，称为龄期。

幼虫生长到最后一龄，称为"老熟幼虫"，若其再蜕皮，就变成蛹（全变态类）；或其再蜕皮，就变成成虫（不全变态类）。这样的蜕皮并不伴随生长，而是同变态联系在一起，故称为变态蜕皮；而前所述幼期伴随着生长的蜕皮，则称为生长蜕皮。

3. 害虫的变态类型

害虫随着个体生命周期的进展，可以看到明显的外部变化。产生形态变化的生长过程叫作变态。害虫的变态类型有两种，一种是像蛾蝶类、金龟子等，从幼虫发育到成虫时，外形变化非常大，这种变化叫全变态。另一种是像蚜虫、蝼蛄、椿象等，当生长发育时，外形变化不大，称为不全变态。

经历不完全变态的虫种的幼年时期叫若虫。这些害虫的个体生命周期有三个阶段：卵、若虫、成虫。

经历完全变态的虫种的幼年阶段称为幼虫。充分发育到最后龄期的幼虫，不能简单地蜕皮变为成虫，因为这两个阶段差别很大，而是当幼虫进入不吃食、不活动的阶段后，其外形发生巨大变化，再变成成虫，这个过程称为化蛹。这些害虫的个体生命周期有四个阶段：卵、幼虫、蛹、成虫。

不全变态的末龄幼虫以及全变态的蛹，蜕皮后都变为成虫，这个过程称为羽化。成虫羽化后，可进行交配产卵，成虫完成产卵"使命"后很快就死去。成虫的寿命长短不一，有数小时、数天到几个月不等。

通俗地举个例子，我们在菜地里经常会见到白色的蝴蝶（专业上称为菜粉蝶），时而飞翔时而停在蔬菜上，蝴蝶就是成虫。蝴蝶在蔬菜上找到适合的地方产卵之后，就会很快死掉，所产的卵经过一段时间后就会孵化出幼虫，称为菜青虫。幼虫一孵出后就开始取食危害蔬菜，随着虫体越长越大（期间要进行几次蜕皮），食量也越来越大，到一定时候就不再进食了，而是吐丝结茧，把自己包在茧里面，然后再变成不活动的蛹。蛹经过一段时间后就又变成蝴蝶，破茧而出，就是化蛹。

二、花卉害虫的防治方法

害虫的防治方法有多种，如植物检疫、农业防治、生物防治、物理机械防治、化学防治等。植物检疫工作是一种保护性、预防性措施，一般是由政府检验检疫部门来进行的。

害虫的发生和蔓延与环境条件有着密切的关系。利用花卉生产过程中各种技术环节，加以适当改进，创造有利于花卉生长而不利于害虫大量繁殖的条件，以避免害虫发生或减轻其危害，这样的方法称为农业防治法。农业防治法具有长期作用和预防作用，有些农业措施本身就具有直接消灭害虫的作用，如轮作（就是在一块地上轮流种植不同种类的花卉）、深耕土地与晒土灭虫、加强水肥管理、及时进行除草和清除残株败叶、选用抗虫品种等。

生物防治就是利用生物及其代谢物质来防治害虫的方法，主要包括以虫治虫、以菌治虫、以鸟治虫、其他有益动物治虫等，目前也把不育技术、遗传防治和昆虫激素治虫列入生物防治之中。

物理机械防治就是根据某些害虫的一些习性，利用各种物理因素、人工或器械来灭杀害虫的方法。常用的有人工机械捕杀、灯光诱杀、黄板诱杀等。

化学防治就是利用化学药剂来防治害虫的方法。用于防治害虫的药剂或农药叫作杀虫剂。用杀虫剂防治害虫有许多优点，例如收效快，防治效果显著；使用方便，受地区性限制较小；杀虫范围广，几乎所有的害虫都可利用杀虫剂来防治，一种农药往往可防治多种害虫等。

但是，农药往往是有毒的化学药剂，在不合理的情况下使用常会造成人畜中毒、植株药害、杀伤有益生物以及污染环境。长期使用农药还会使害虫产生抗药性，使害虫更加难治。另外，使用农药的花费也是较高的。

总的来说，害虫的防治应遵循"预防为主，综合治理"的原则。综合防治就是：从农业生产的全局和农业生态系统的总体观点出发，以预防为主，充分利用自然界抑制虫害的因素，创造不利于害虫发生危害的条件，并以农业措施为基础，因地、因时制宜，合理地使用各种必要的防治措施，经济、安全和有效地控制虫害，以达到高产和稳产的目的，同时把可能产生的有害副作用减少到最低限度。

三、杀虫剂的杀虫机理

1. 触杀作用

药剂不需要害虫吞食，只要喷洒在害虫身上，或者害虫在喷洒有药剂的植株表面爬行，药剂就可使害虫中毒死亡。这类药剂称为触杀剂。

2. 胃毒作用

害虫把药剂吞食后引起中毒。这类药剂称为胃毒剂。

3. 内吸作用

药剂施用到植株上，先被植株所吸收，然后在植株体内运输到各个部分，害虫取食植株或者吸取汁液后即可引起中毒。这类药剂称为内吸剂。内吸剂比非内吸剂对花卉的保护时间长，因为一旦药剂进入植株体内，便不会被雨水或灌溉水冲掉，也不会被阳光和微生物分解。内吸剂对吸取汁液的害虫及潜食叶肉的潜叶蝇等防治效果更好。

4. 熏蒸作用

药剂由固体或液体变为气体，通过害虫的呼吸系统进入虫体而使害虫中毒。这类药剂称为熏蒸剂。

除上述4种作用外，还有绝育作用，拒食作用与忌避作用等。

杀虫剂种类很多，有的防治害虫的作用简单，而有机杀虫剂常常具有两三种杀虫作用。

四、常用的杀虫剂种类

目前的杀虫剂种类很多，按照组成成分的不同，可以分为有机磷类杀虫剂、氨基甲酸酯类杀虫剂、拟除虫菊酯类杀虫剂、植物性杀虫剂、特异性昆虫生长调节剂、微生物源杀虫剂、其他杀虫剂等。这几类杀虫剂的杀虫机制不同，可轮换使用来防止害虫产生抗药性。

同一类中的农药有些也具有不同的杀虫机制，可轮换使用防止害虫抗药性的产生；但有些杀虫机制是相同的，特别是拟除虫菊酯类中的农药。由于有的农药有多个名称，如氰戊菊酯，又叫作速灭杀丁、中西杀灭菊酯、敌虫菊酯、异戊氰酸酯等，所以在购买时必须注意，不要重复购买。

不同的杀虫剂具有不同的毒性，可分为高毒、中毒和低毒三类，国家禁止一些高毒农药在蔬菜、果树、茶叶等作物上使用。由于花卉以观赏为主，所以像氧化乐果、水胺硫磷、甲基硫环磷、呋喃丹等高毒农药，目前国家没有限制在花卉上使用。但是因为有的花卉用于食用，所以对于食用花卉也要禁止使用。

1. 有机磷类杀虫剂

敌百虫：有白色晶体、乳油、可溶性粉剂等，以胃毒为主，也具触杀作用。对咀嚼式害虫效果较好，对吸收汁液的害虫效果差。容易吸水变成黏稠状，应存放于阴凉、干燥、避光处。

敌敌畏：乳油，具有触杀、胃毒和熏蒸三种作用。对各种口器的害虫均有较高的防治效果，尤其是对蚜虫和红蜘蛛的效果更突出。在夏季中午高温时不要施药，因挥发厉害易引起人体中毒。

乐果：具有强烈的触杀和内吸作用，也有一定的胃毒作用，杀虫范围广。因会自行分解，储藏期不宜超过 1 年。

氧化乐果：内吸性强，兼具触杀作用，杀虫范围很广。

马拉硫磷（马拉松）：非内吸性的广谱性杀虫剂，具有良好的触杀以及一定的胃毒和熏蒸作用，对咀嚼式和吸收汁液的害虫均可防治。

乙酰甲胺磷（高灭磷）：内吸性杀虫剂，还具有胃毒和触杀作用，杀虫范围广，并可杀卵，对咀嚼式、吸收汁液的害虫及螨类均可防治。

喹硫磷（爱卡士）：高效广谱杀虫、杀螨剂，具触杀和胃毒作用，且有一定的杀卵作用。

水胺硫磷（虫胺磷）：具触杀、胃毒和杀卵作用，杀虫范围广。

辛硫磷：以触杀和胃毒为主，杀虫范围广，也适合防治地下害虫。

此外，还有甲基辛硫磷、三唑磷、毒死蜱（乐斯本）、甲基毒死蜱、丙溴磷、杀螟硫磷（杀螟松）、倍硫磷（百治屠、蕃硫磷）、哒嗪硫磷（伏杀磷、佐罗纳）、二嗪磷（二嗪农）、氯唑磷（米乐尔）、稻丰散（爱乐散）、甲基嘧啶磷（安得利）等。

2. 氨基甲酸酯类杀虫剂

巴丹（杀螟丹、派丹）：具有强烈的触杀和胃毒作用，也有一定的拒食、内吸和杀卵作用，广谱性强，对吸收汁液和咀嚼式的害虫均有效。

西维因（甲萘威）：具有触杀和胃毒作用，除红蜘蛛和介壳虫外，对其他害虫均有效。

呋喃丹（克百威、大扶农）：颗粒剂，具有强烈的内吸作用，毒性高，药效期长，可防治各种害虫以及线虫。只能把颗粒施于土中，严禁兑水喷雾。不能与碱性农药或肥料混用。盆栽木本花卉每盆可均匀施入土中 10~20 g。各种盆花上盆时也可先把呋喃丹与基质一起混合。

此外，还有混灭威、叶蝉散（异丙威、灭扑散、灭扑威）、巴沙（仲丁威、扑杀威）、灭多威（万灵、灭索威、快灵、乙肟威）、灭蚜威、残杀威、抗蚜威（辟蚜雾）、唑蚜威（灭蚜灵、灭蚜唑）、哑虫威（高卫士）、丙硫克百威（安克力）、丁硫克百威（好年冬）、硫双威（拉维因）等。

3. 拟除虫菊酯类杀虫剂

这类农药都具有触杀和胃毒作用，但无内吸和熏蒸作用。对咀嚼式口器的害虫效果好，击倒快。不要与碱性农药混用。这类农药的缺点是很容易使害虫产生抗药性，所以要尽量减少使用剂量和次数，要与有机磷类、氨基甲酸酯类等农药混用或轮换使用。同类不同种农药轮换使用一样容易产生抗药性，因为它们的杀虫机制基本上是相同的。

这类农药有功夫、戊菊酯（中西除虫菊酯、多虫畏）、甲氰菊酯（灭扫利）、多来宝、氰戊菊酯（速灭杀丁、中西杀灭菊酯、敌虫菊酯、异戊氰酸酯）、来福灵、保好鸿、百树得、天王星（虫螨灵）、氯氰菊酯（安绿宝、灭百可、兴棉宝）、顺式氯氰菊酯（高效灭百可、高效安绿宝）、氯菊酯（除虫精）、溴氰菊酯（敌杀死、凯素灵）等。

4. 特异性昆虫生长调节剂

这类农药不污染环境，对害虫不易产生抗药性，对人畜毒性较低。这类农药通常以胃毒为主，兼有触杀作用，对蛾类和蝶类幼虫均有效，对有机磷类、拟除虫菊酯类、氨基甲酸酯类等农药产生抗性的害虫有良好的防治效果，但是害虫通常中毒死亡的时间较慢，所以应尽量在低龄幼虫期施药。这类农药主要有灭幼脲（灭幼脲三号）、农梦特（氟苯脲、伏虫隆）、定虫隆（抑太保、氟啶脲）、除虫脲（灭幼脲一号、敌灭灵）、杀铃脲（杀虫隆）、氟铃脲（盖虫散）等。

5. 植物性杀虫剂

某些植物里含有某种杀虫的成分，把它提取出来制成的杀虫剂称为植物杀虫剂。常见的是鱼藤酮乳油，对害虫有触杀及胃毒作用，是防治蚜虫的特效药，也可防治其他食叶性害虫，但不能与碱性农药混用。另外还有印楝素、苦皮藤素、苦参碱、茴蒿素等。

6. 微生物源杀虫剂

苏云金杆菌可湿性粉剂和 B.T 乳剂：细菌杀虫剂，主要用于防治蛾蝶类害虫的幼虫，施用期一般比使用化学农药提前 2~3 天。对低龄的幼虫效果好，30℃ 以上的温度施用最好。不能与内吸性有机磷类杀虫剂或杀菌剂混用。

白僵菌：属于子囊菌类的虫生真菌，主要有球孢白僵菌和布氏白僵菌。白僵菌可以侵入害虫的虫体内并大量繁殖，同时产生白僵素、卵孢霉素和草酸钙结晶，这些物质可引起昆虫中毒，打乱其新陈代谢以致死亡。可防治蛴螬、蝗虫、蚜虫、叶蝉、飞虱、多种鳞翅目幼虫等。

7. 其他类杀虫剂

杀虫双：沙蚕毒素类杀虫剂，对害虫具有较强的触杀和胃毒作用。可防治多种食叶害虫和钻蛀性害虫，也常用于淋土壤防治地下害虫。害虫开始并无任何反应，但表现迟钝、行动缓慢、失去危害植株的能力，以后停止发育、瘫痪，直至死亡。杀虫双还有很强的内吸作用，特别是淋根部更容易被吸收。用于喷雾时，加入 0.1% 的洗衣粉更能提高药效。沙蚕毒素类杀虫剂还有杀虫环、杀虫单、杀螟丹、杀螺胺、四聚乙醛等。沙蚕毒素类杀虫剂与有机磷类、氨基甲酸酯类、拟除虫菊酯类杀虫剂虽同属神经毒剂，但作用机制不同，对这三类杀虫剂产生抗药性的害虫，采用沙蚕毒素杀虫剂防治仍然有很好的效果。

阿维菌素（齐螨素、爱福丁、阿巴丁、害极灭）：抗生素类杀虫杀螨剂，对虫、螨具有胃毒和触杀作用。药剂进入虫体后，使虫体麻痹，不活动，不取食，2~4天后死亡。药剂持效期长，对害虫10~15天，对螨类30~45天。它能渗入叶内，毒杀藏在叶内的潜叶幼虫，也能抑制新生幼虫潜入叶内。由于它的独特杀虫机理，与其他类型杀虫剂无交互抗性，可用于防治已对有机磷类、氨基甲酸酯类、拟除虫菊酯类等农药产生抗性的害虫和螨类。阿维菌素还与其他多种杀虫剂，如辛硫磷、哒螨灵、杀虫单、毒死蜱、三唑磷、吡虫啉、高效氯氰菊酯等，复配成混合杀虫剂。抗生素类杀虫杀螨剂还有甲氨基阿维菌素、依维菌素等。

吡虫啉（咪蚜胺、灭虫精、扑虱蚜、蚜虱净、大功臣、康复多）：属于新烟碱类杀虫剂，有触杀、胃毒和内吸作用。害虫接触药剂后，中枢神经正常传导受阻，麻痹死亡。具有广谱、高效、低毒、低残留等特点，害虫也不易产生抗性。产品速效性好，药后1天即有较高的防效，残留期长达25天左右。药效和温度呈正相关，温度高杀虫效果好。主要用于防治吸收汁液的害虫，不要与碱性农药混用。不宜在强阳光下喷雾，以免降低药效。吡虫啉还常常与氯氰菊酯、高效氯氰菊酯、仲丁威、辛硫磷、噻嗪酮、毒死蜱、阿维菌素等复配成混合杀虫剂。新烟碱类杀虫剂还有烯啶虫胺、啶虫脒、噻虫啉、噻虫嗪、噻虫胺、呋虫胺等。

8. 混合杀虫剂

厂家把两种或两种以上不同的农药混合制成的杀虫剂叫混合杀虫剂。杀虫谱更广，增强杀虫效果，节省劳力，不易使害虫产生抗药性。如藤酮·辛硫磷、氰戊·鱼藤酮、敌百虫·鱼藤酮、乐果·氰戊菊酯、氯氰·毒死蜱、唑磷·毒死蜱、氟铃·辛硫磷、甲维盐·辛硫磷、辛硫磷·杀虫单、氰戊·辛硫磷、噻嗪·异丙威、溴氰·乐果、苏云·杀虫单、吡蚜·异丙威等。

9. 杀螨剂

专门用于防治螨类的药剂叫杀螨剂。上面提到的许多农药也具有杀螨作用，但它们的主要活性是杀虫，不能称为杀螨剂，有时也称它们为杀虫杀螨剂。

三氯杀螨醇：具较强的触杀作用。易燃，要远离火源。不能与碱性农药混用。

克螨特（炔螨特、螨除净、奥美特）：具触杀和胃毒作用。

此外，还有卡死克（氟虫脲）、双甲脒（螨克）、尼索朗（噻螨酮）、溴螨酯（螨代治）、单甲脒、四螨嗪（阿波罗、螨死净）、哒螨灵（速螨酮、达螨酮、达螨净、扫螨净）、唑螨酯（霸螨灵）、苯丁锡（克螨锡、托尔克）、三唑锡（倍乐霸）、苯螨特（西斗星）、苄螨醚（扫螨宝）、吡螨胺（必螨立克）、苯硫威（排螨净）等，以及一些混合杀螨剂，如特威、尼索螨特、尼索螨醇等。

五、常见花卉害虫及其防治

1. 主要食根害虫

（1）蛴螬（彩图 103）

蛴螬是金龟子幼虫的通称。蛴螬在土壤中生存，吃花卉的根或地下茎，危害严重时植株枯萎死亡。依种类不同，蛴螬充分发育时长 1.3～3.8 cm 不等。虫体柔软，白到灰色，具有坚硬的棕色头部和 6 只明显的足，通常在土壤里卷曲成 "C" 字形。蛴螬的成虫叫金龟子，离开土壤生活，但同样也会取食叶片或花，通常晚上才出现危害，白天隐藏于土中。

春季（4—5 月）和秋季（9—10 月）蛴螬危害最明显，主要的防治办法是施用杀虫剂，可用 50% 辛硫磷乳油 1 000 倍液，或 80% 敌百虫可湿性粉剂 800 倍液进行灌根。7—8 月当幼虫刚孵化时，施用杀虫剂最有效。蛴螬长成后，便不易受杀虫剂的影响。

（2）蝼蛄

蝼蛄生活在土壤中，善于打洞。成虫体长 30～35 mm，淡黄褐色，全身密被细毛，有翅。成虫和若虫均在土中咬食种子或幼苗、植株地下部分。在夜间，特别下雨或灌溉后，蝼蛄往上爬到靠近土壤表面处进食。5—6 月，当若虫小而相对容易杀死时，施用杀虫剂（可用防治蛴螬一样的药剂），能获得最好的防治效果。在傍晚地面上撒些含有杀虫剂的诱饵，也是一种有效的防治方法。

2. 主要吸食汁液的害虫

（1）蚜虫（彩图 104）

蚜虫种类很多，有翅膀或者没有翅膀，体长约 3 mm 甚至更小，常常呈绿色，也有粉红色、棕色、灰色、黄白色或黑色的。除了组织坚硬的花卉外，其他花卉都可能会受到蚜虫的危害。

由于蚜虫繁殖快，群集的蚜虫在新生的嫩芽上吸食汁液会损伤嫩芽，使嫩芽出现不成形的叶片甚至枯萎，抑制植株的生长。嫩叶、嫩茎、花蕾和花也可能受害，造成畸形、发黏，严重时可使叶片卷缩脱落、花蕾脱落。蚜虫还容易引起煤污病的发生以及传播病毒病。蚜虫身上分泌出的"蜜汁"还会吸引蚂蚁吸食，而蚂蚁又常常会移动蚜虫。

防治蚜虫可选用乐果、氧化乐果、马拉硫磷、辛硫磷、敌敌畏、灭蚜松、吡虫啉等。常需要多次施用杀虫剂，这是因为杀虫剂虽能杀死许多蚜虫，但有些仍能幸存下来，若不重复使用杀虫剂，剩下的又会快速大量繁殖。

（2）螨类

螨类种类多，一般在叶片上吸吮汁液，直接破坏叶片组织，故又称为叶螨。螨类虫体极小，大多在0.5 mm以下。最常见的是红色或粉红色的，俗称红蜘蛛（彩图105），也有黄蜘蛛，多数在叶上特别是在叶背会织成丝一般的网状物，在叶上还会有黑色的小斑点——红蜘蛛的排泄物。有的螨类在叶上大量产卵，这些卵像一层灰尘。

螨类广泛危害花卉的叶子，芽、嫩枝梢、花瓣等也可能受害。在受害处会出现褪色的斑点，因其繁殖速度极快，叶片受害严重时会被小小的斑点完全覆盖，并且可能出现卷曲、皱缩、枯焦似火烤、脱落等现象。芽和嫩枝梢受害时导致新的枝叶发育受阻，花芽受害可能变成黑色。不注意防治会扩展至全株。

适合防治的药剂有乐果、氧化乐果、水胺硫磷、石硫合剂等，以及专门用于防治螨类的杀螨剂，如三氯杀螨醇、克螨特、尼索朗等。

（3）介壳虫（彩图106）

介壳虫种类极多，大多属于小或很小的昆虫，有的只有1.5~3 mm长，颜色有棕色、淡黄色、白色、粉红色等。无论是哪一种介壳虫，幼虫孵化出来以后均会活动，以寻找可食茎叶的地方；然后分泌一层保护性的蜡质覆盖物——称为介壳，就不再移动了，成虫就躲在介壳里面吸取汁液为生。有的介壳虫上的覆盖物像粉一样，白色毛茸茸的，特称为粉介壳虫。

介壳虫成虫固定不动，而且有特殊的介壳外貌，因此很容易判断。一般的花卉都容易受到介壳虫的危害，叶子、茎、叶腋处等都可能受害。受害处会出现褪色的斑点，虫多时叶片会变黄、枯萎。介壳虫也会分泌出"蜜汁"，从而引起煤污病的发生以及吸引蚂蚁。

在幼虫刚孵化时使用药剂防治效果最好，一般的有机磷类杀虫剂、拟除虫菊酯类杀虫剂等都有效。已有介壳的成虫则必须选择内吸性的杀虫剂，如乐果、氧化乐果、甲基硫环磷、呋喃丹等。

（4）蓟马（彩图 107）

蓟马种类也多，常见的为黄色、绿色或黑色，虫体极小，只有 1 mm 多。成虫有翅膀，但是通常都不飞而跳跃。蓟马利用特殊的口器刮破植物表皮，然后以吸食汁液为生。

蓟马会侵害任何柔软的叶丛，也侵害花朵。被害处常呈黄色斑点或块状斑纹，严重时使得嫩芽、心叶凋萎，叶片和花瓣卷曲、皱缩、枯黄脱落。蓟马还会分泌一种淡红色的液体，然后变成黑色，黏在叶片或花上。

适宜防治的药剂有乐果、氧化乐果、敌百虫、水胺硫磷、吡虫啉等，以及拟除虫菊酯类杀虫剂。

（5）粉虱

粉虱有多种，虫体很小，通常成虫仅有 1 mm 多长，大的也只有 3 mm 左右。成虫有翅膀。雌虫在叶背产卵，大量的若虫随后孵出。若虫看上去像淡绿色或透明的鳞片。成虫白天活动，具飞翔能力。早晨气温低，群集在叶背不太活动，中午气温过高亦少活动。成虫和若虫通常群集在叶背，以刺吸式口器吸吮汁液为生，使叶片产生褪绿斑，导致叶片生长不良，也会分泌黏性的"蜜汁"而引发煤污病。主要的粉虱是温室白粉虱（彩图 108）、柑橘粉虱和黑刺粉虱。防治蓟马的药剂也可用于防治粉虱。

（6）叶蝉

叶蝉类有多种，成虫体长数毫米。危害多种花卉，以成虫和若虫刺吸汁液（多在叶背），受害叶片呈现小白斑点，甚至使叶子卷缩畸形、变黄，植株矮小。成虫白天活动，在晴天高温时特别活跃。防治蓟马的药剂也可用于防治叶蝉。

（7）蚂蚁

蚂蚁间接危害花卉，例如它会移动蚜虫。能够分泌出"蜜汁"的害虫，如蚜虫、介壳虫等，会吸引蚂蚁来取食，所以如果植株上有蚂蚁在不断走动，往往是感染了这些害虫。

可用拟除虫菊酯类农药直接对蚂蚁进行喷杀。

3. 主要的食叶害虫

（1）蛾类

危害花卉的蛾类害虫相当多，形态、大小、习性等各不相同，但都属于完全变态类型，通常幼虫对花卉造成危害，成虫没有危害性，有的幼虫晚上才出来危害花卉。蛾类不仅危害叶子，还会危害嫩茎、花和果实。蛾类包括各种各样的刺蛾、袋蛾、舟蛾、毒蛾、天蛾、夜蛾、螟蛾、卷叶蛾、枯叶蛾、尺蛾、斑蛾等。彩图 109 所示是斜纹夜蛾幼虫，彩图 110 所示是卷叶蛾幼虫。有毛的蛾类幼虫通常又叫毛虫。

（2）蝶类

蝶类属于完全变态类型，通常幼虫对花卉造成危害，成虫没有危害性。蝶类可危害叶子、嫩茎、花和果实。蝶类害虫主要有柑橘凤蝶、小灰蝶、玉带凤蝶、麻斑樟凤蝶、铁刀木粉蝶、菜粉蝶等。彩图 111 所示是小灰蝶成虫。

（3）叶蜂

最常见的是蔷薇三节叶蜂，成虫长 1 cm 左右，幼虫具有危害性，喜食嫩叶。

许多杀虫剂，如有机磷类杀虫剂、氨基甲酸酯类杀虫剂、拟除虫菊酯类杀虫剂、微生物源杀虫剂、杀虫双、鱼藤酮等，都可用于防治蛾类、蝶类和叶蜂幼虫。

（4）潜叶蝇（彩图 112）

潜叶蝇是一种小型的蝇子，成虫用产卵器将卵产于嫩叶背面边缘的叶肉里，尤以近叶尖处为多。幼虫孵化后就开始向内潜食叶肉。随着虫体的增大，潜食隧道也日益加粗。隧道曲折迂回，没有一定的方向，在叶片上形成花纹形灰白色条纹，俗称"鬼画符"。老熟幼虫在隧道末端化蛹，并在化蛹处穿破叶表皮而羽化。一些草花如菊花、瓜叶菊、非洲菊等，都会受到潜叶蝇幼虫的危害，严重时使叶片枯萎。潜叶蝇的成虫也可能危害叶子。

另外有一种蛾类叫潜叶蛾，幼虫可潜入年橘、小叶榕等花木的叶片中取食，症状与潜叶蝇类似。

在成虫产卵盛期或幼虫孵化初期，使用有机磷类杀虫剂、氨基甲酸酯类杀虫剂、拟除虫菊酯类杀虫剂等对潜叶蝇和潜叶蛾都有良好的防治效果。对潜入叶肉内的幼虫，则适宜使用内吸性的农药，如乐果、氧化乐果、乙酰甲胺磷、呋喃丹等。

（5）蜗牛和野蛞蝓

蜗牛和野蛞蝓属于软体动物。蜗牛体外有一螺壳，成贝与幼贝形态相似。危害花卉的蜗牛主要是同型巴蜗牛和灰巴蜗牛（彩图 113）。野蛞蝓（彩图 114）又叫鼻涕虫，成虫体长可达 2 cm，爬行时可伸得更长，灰褐色或黄白色，有两对触角。蜗牛和野蛞蝓都主要取食叶片和花瓣，造成孔洞或缺刻，排出的粪便还会造成污染，引起叶、花腐烂，严重时将苗株咬断。

蜗牛和野蛞蝓都喜阴湿，如遇雨天，昼夜活动危害花卉。在干旱时，白天潜伏，夜间活动危害。其行动迟缓，爬过的地方会留下黏液。

可在地上撒生石灰粉，或 8% 灭蜗灵颗粒剂、10% 蜗牛敌颗粒剂等进行防治。也可人工进行捕捉，或用树叶、杂草、菜叶等先作诱集堆，天亮前害虫潜伏在诱集堆下，再集中捕捉。

4. 主要的枝干害虫

（1）天牛

天牛种类多，危害树木的有星天牛、双条合欢天牛、橘光绿天牛、桑天牛等。也有危害草本的天牛，如危害菊花的菊天牛。天牛有很长的触角，常常超过身体的长度。天牛幼虫（彩图 115）淡黄或白色，体前端扩展成圆形，似头状，故俗名圆头钻木虫，上颚强壮，能钻入木本植株茎干，在内生活两年以上，在韧皮部和木质部取食并形成蛀道，影响树木的生长发育，使树势衰弱，导致病菌侵入，也易被风折断，严重时使茎干枯死甚至整株死亡。化蛹前向外钻一孔道，在树内化蛹，新羽化的成虫经此孔道而出。成虫羽化后，飞向树冠，啃食细枝皮层，造成枯枝。成虫又会继续产卵，如星天牛 5—6 月产卵最盛，卵多产于树干离地面 0.3~0.7 m 范围内，产卵处树皮常裂开、隆起，表面湿润，受害株常有木屑排出。

防治办法：①在天牛活动较弱的清晨，人工捕杀成虫；同时掌握天牛产卵部位，刻槽，用小刀刮卵。②天牛幼虫尚未蛀入木质部或仅在木质表层危害，或蛀道不深时，可用钢丝钩杀幼虫。③用 80% 敌敌畏 500 倍液注射入蛀孔内，或浸药棉塞孔，再用黏泥封孔；或用拟除虫菊酯类等农药做成毒签插入蛀孔中，毒杀幼虫。④用生石灰 10 kg+硫黄 1 kg+盐 10 g+水 20~40 kg 混合液涂在树干上，可防止天牛产卵。

（2）木蠹蛾

木蠹蛾种类多，常见危害树木的有相思木蠹蛾、咖啡木蠹蛾、荔枝拟木蠹蛾等。成虫为中至大型蛾类，幼虫粗壮。产卵多在夜间，每个雌虫产卵数十粒至千粒以上，卵多产在树皮裂缝、伤口或腐烂的树洞边沿及天牛危害坑道口边沿。初幼虫喜群集，并在伤口处侵入危害，初期侵食皮下韧皮部，逐渐侵食边材，将皮下部成片食去，然后分散向心材部分钻蛀，进入干内，并在其中完成幼虫发育阶段。干内被蛀成无数互相连通的孔道。

防治办法：可利用成虫的趋光性，以黑光灯诱杀成虫。茎干内的幼虫可参照防治天牛的方法，钩杀及使用药剂杀灭。

模块二　花卉的病害及其防治

一、病害、生理病害与传染性病害

花卉在生长发育过程中，由于遭受到其他生物的侵害，或不适宜的环境条件的影响，致使它们的生长发育受到干扰和破坏，从生理机能到组织结构上发生一系列的变化，以致在外部形态上发生反常的表现，这就是花卉的病害。

病害的发生必须经过一定的病理程序。由于害虫或其他外界的机械力量如碰撞、风、冰雹等引起的伤害，往往是突然发生的，受害植株在生理上没有发生病变程序，因此不能称为病害，常称为损伤。

引起病害发生的原因称为病原。病原按其性质不同分为两大类：非生物性病原和生物性病原。非生物性病原是指除了生物以外的，一切与花卉生长发育有关的环境因素，如光照、温度、水分、土壤、营养、空气等。这些因素如不适宜都会使植株生长不正常，产生病害，如灼伤、缺素症等。这种病害当环境条件恢复正常时，就会停止发展，并且还有可能逐步恢复正常。由于非生物因素缺乏传染性，所以由它们所引发的病害称为非传染性病害，又叫生理病害。这类病害就好像我们人身上发生的一些疾病，例如冻疮、肩周炎、高血压等，不会传染。

生物性病原是指引起发病的寄生物，这类寄生物称为病原生物，简称为病原物，主要有真菌、细菌、病毒、线虫等，其中真菌和细菌又合称为病原菌。被寄生的植物称为寄主植物，简称为寄主。由寄生物侵染所引起的病害具有传染性，能够传染扩散蔓延，所以称为传染性病害。这类病害就好像我们人身上发生的一些疾病如香港脚（足癣）、艾滋病等，前者由真菌感染所引起，后者由病毒感染所引起，都会在人身上互相传染。传染性病害是本部分主要介绍的内容。

二、症状、病状和病症

病害的症状是寄主内部发生一系列复杂病变的一种表现。症状包括外部的和内部的两部分。外部症状易被肉眼察觉，表现也较明显，常作为诊断病害时一个重要的依据。而内部症状检验通常要用显微镜等工具。

病害的病原不同，症状也不一定相同，有的差异很大。由不适环境因素所引起的病害，其症状仅局限于植物体本身的外部和内部的病变表现；由病原生物侵染所致的病害，其症状除寄主本身发生的外部和内部形态上的病变外，由于病原生物在寄主体内吸取营养和生长发育的结果，特别是真菌和细菌，因而能在寄主被害部分产生它们的特征性结构，这些都是病原生物在寄主上的一种表现。

因此，为了便于准确地诊断病害，症状可再分为两部分：寄生发病后表现不正常状态的，称为病状；病原生物在寄主上的特征性表现，称为病症。生理病害与传染性病害的区别最主要是前者没有病症，只有病状；而后者既有病状又有病症。

由于病害分为生理性的与传染性的两大类，这两大类病害的防治方法根本不同。对于生理病害，引起的环境条件有许多，防治方法也不同；对于传染性病害，引发的病原物也有许多，防治方法往往也不同，目前还尚未有能够包治百病的农药。我们通常说要"对症下药"，这同样适合用于花卉的病害防治。因此，在进行病害防治时，首先必须确定它是属于生理病害还是传染性病害；如果是生理病害，具体是由哪一种环境条件不适所导致；

如果是传染性病害，具体是由哪一种病原物侵染所引起。因为病原物个体极小，只能用显微镜才能看到，很多病原物还须在实验室进行鉴定。如果诊断错了，防治方法也会错，白白浪费了人力、物力与财力，又耽误了防治。因此，生产者或管理者必须加强对病害知识的学习。

有一些比较常见的花卉病害，由于其病状或病症比较明显且易于识别，只要多看多记，对这些病害就能够做到对症下药。另外，一种防治真菌的农药，往往对多种真菌也都具有防治效果。

但是对一般生产者或管理者来说，对大部分的病害根本无法准确地诊断出具体的病因或者病原物，因此也就无法对其进行准确有效的防治。这可以说是在花卉生产和园林植物养护管理中普遍存在的问题之一。

三、真菌、细菌、病毒与线虫

1. 真菌

由真菌侵染所致的病害称为真菌病害，大多数花卉病害属于这类病害。真菌是很小的低等植物，由叫作菌丝的线状结构组成，没有根和输导组织，因而难以得到并输送水分。由于这种限制，真菌在气候干旱期通常是不活动的。当植株表面的水膜层存在几小时或更长的时间时，植株最有可能发生病害。在持续高湿度、下雨、大雾或重露期，病害最严重。家里的木质家具和皮衣在春雨连绵的季节容易发霉，也就是这个道理，因为霉就是一种真菌。过量灌水和傍晚灌溉也易助长病害发生。

当真菌在寄主内部生长到一定程度时，特化的菌丝束会长出叶、茎或根的表面，并长出孢子，孢子的功能相当于高等植物的"种子"。微小的孢子一般是经风、雨滴、刀剪等被携带到健康的植株上。如果植株表面有水膜或水滴，孢子就会发芽，形成真菌，侵入植株内。

菌丝体是真菌营养体的基本结构，但是某些真菌的菌丝体在一定的环境条件下可以发生变态，形成一种新的、与原来的形态和功能都不相同的特异性结构，常见的有菌核、菌索和子座三种。

2. 细菌

细菌是单细胞的低等植物，杆状，比真菌小，比病毒大，通常要经过染色才能在光学显微镜下看到。花卉细菌病害的数量比真菌病害要少很多。

目前防治细菌性病害的杀菌剂不多，主要有叶枯唑（叶青双、噻枯唑、叶枯宁）、噻菌铜（龙克菌）、抗菌素类杀菌剂、无机铜制剂等。

3. 病毒

由病毒引起的植物病害称为病毒病。病毒是一类不具细胞结构的寄生物，体积极小，只有在电子显微镜下才能观察到。病毒是活养生物，只存在于活体细胞中。它具有很强的增殖能力，在增殖的同时，也破坏了寄主正常的生理程序，从而使植株表现出症状。许多草本花卉都有一至几种病毒病。病毒病轻则影响观赏，重则不能开花，品种逐年退化，甚至毁种。由于一些害虫如蚜虫、蓟马、粉虱等会传染病毒病，所以如果把这些害虫防治住，可明显减少病毒病的发生。

4. 线虫

线虫是一种低等动物，有些生活在土壤或水中，有些寄生在人类、动物和植物上。线虫体形呈圆筒状，细长，两头稍尖。所有寄生在植物上的线虫都是非常微小的，一般体长 0.5~2 mm，宽 0.03~0.05 mm。线虫体壁通常无色透明或为乳白色。由于线虫极小，由线虫引起的植物受害称为线虫病，故在本模块病害里介绍。

植物寄生线虫大部分生活在土壤耕作层，能危害植物的根、茎、叶、花等器官。在过于潮湿或干旱条件下均不利于卵的孵化和线虫的生存。花卉的线虫病害不多，比较常见的有仙客来、牡丹、月季等的根结线虫病，菊花和珠兰的叶枯线虫病，水仙的茎线虫病等。

四、病状和病症的主要特点

病状和病症是植物病害诊断的重要依据。病状是寄主植物和病原在一定环境条件下，相互作用的外部表现，这种病状表现各有其特异性和稳定性。可利用病状作为诊断病害的基础。病症是病原体的群体或器官着生在寄主表面所构成的，它直接暴露了病原物在质上的特点，更有利于熟识病害的性质。

1. 病状

（1）变色

主要发生在叶片上，可以是局部的，也可以是全株性的，被害部分细胞内的色素发生变化，但细胞并没有死亡。变色又分为花叶、褪色、黄化、着色等。

（2）坏死和腐烂

坏死和腐烂都是寄主被害后，其细胞和组织死亡所造成的一种病变，又可分为斑点或病斑、穿孔、枯焦、腐烂、猝倒、立枯等。

（3）萎蔫

萎蔫是指寄主植物局部或全部由于失水，丧失膨压，使其枝叶柔软下垂的一种现象。萎蔫病状可由各种原因引起，如寄主根或茎腐烂；天气干旱，水分供应不足；土壤含水量低等。但在植物病害方面所指的萎蔫病状，主要是指植株的维管束组织受到病原体的毒害或破坏，影响水分向上输送，即使供给水分也不能恢复常态的状态。根或主茎的维管束被害，常引起全株性萎蔫。局部性萎蔫是指寄主植物的侧枝、叶柄或者在叶片上局部的维管束被病原物侵染所致。萎蔫按其病状和不同的病原物，又分为青枯、枯萎与黄萎。

（4）畸形

植株被病原物侵染后，全株或局部呈畸形。畸形又可分为卷叶、蕨叶、丛生、瘤与瘿等。

2. 病症

病症是指寄主病部表面的病原生物的各种形态结构的表现，大多数真菌病害都有，是真菌的营养体或繁殖体的结构物。非传染性病害则不会出现病症。

（1）霉状物

感病部位产生各种霉。霉是真菌病害常见的病症。霉层的颜色、形状、结构、疏密等变化很大，可分为霜霉（多为白色）、黑霉、灰霉等。

（2）粉状物

这是某些真菌一定量的孢子密集在一起所表现的特征，可分为白粉、锈粉、黑粉等。

（3）粒状物

在病部产生大小、形状、色泽、排列等各种不同的粒状物。有的粒状物呈针头大小的黑点，有些粒状物较大。

（4）绵（丝）状物

在病部表面产生白色绵（丝）状物，这是真菌的菌丝体，或菌丝体和繁殖体的混合物。一般呈白色。

（5）脓状物

这是细菌所具有的特征性结构。在病部表面溢出含有许多细菌细胞和胶质物混合在一起的液滴或弥散成菌液层，具有黏性，称为菌脓或菌胶团，白色或黄色，干涸时形成菌胶粒或菌膜。

五、传染性病害的侵染过程

病原物的致病性是指它对寄主植物的破坏性和毒害。病原物的破坏作用是由于它吸取了寄主体内的营养和水分。同时，由于病原物新陈代谢的产物和受病植株的分解物产生了损害寄主植物的物质，直接或间接地破坏植物的组织细胞。

病原物从侵入植株到引起病害的发生，要经过一定过程，包括接触、侵入、潜育和发病四个阶段。这与发生在人身上的传染性病害道理基本上一样。

病原物必须先与寄主接触，才有可能从体外侵入体内。因此，避免或减少病原物与寄主植物接触的措施，是防治病害的一种重要手段。

侵入期是指病原物侵入寄主体内到与寄主建立寄生关系为止的一段时期。病原物可直接穿过植株表皮的角质层，或者通过气孔、水孔、蜜腺等自然孔口以及虫伤、机械伤、冻伤等伤口侵入。所以减少花卉上的害虫，可以减少病害的发生；经常修剪的花卉，发病的概率更大。

环境条件对病原物的侵入有相当大的影响，影响最大的是温度和湿度，特别是湿度。水分多、空气湿度大，病原菌就容易萌发生长，所以在潮湿多雨的气候条件下，花卉发病多、发病重。而在雨水少、干旱的季节，病原菌不容易萌发生长，花卉发病轻或不发病。

潜育期是指自病原物侵入寄主后建立寄生关系开始，到出现明显的症状为止的这一段时期。寄主被病原物质侵入后会进行反抗，两者相互斗争的结果决定最后寄主是否发病。

植株被侵染后，经过一定的潜育期，在外出现症状而进入发病期。实际上在潜育期植株就已发病，只是潜育期过后症状才表现得更为明显。

六、病原物的传播

绝大多数病原物没有主动的传播能力，主要靠风力、雨水、昆虫和人为因素进行传播。例如，风可把真菌孢子吹散；细菌和部分真菌的孢子，是由雨水或水滴的飞溅传播的；吸食汁液的蚜虫、叶蝉等害虫，可传播病毒病；使用含病原物的种子和繁殖材料以及肥料，修剪、嫁接、剪花、运输等，都会传播病原菌。因此，切断病原物的传播途径，是防治病害的一个有效方法，如及时进行害虫防治、消毒种子及各种操作工具等。

七、病害的化学防治

"预防为主，综合防治"是花卉病害防治的基本方针。综合防治是以生态学为基础，有机地运用各种防治手段，对物理环境（如温度、光照、水湿、土壤等），各种生物和微生物区系，寄主的抗病性，以及病原物的生存、繁殖等方面进行适当的控制或调节，建立一个以栽培花卉为主体的相对平衡的生态系，并力求保持其相对稳定性，把病害所造成的损失控制在经济允许水平之下的一种措施。

病害防治的具体方法，包括植物检疫、农业防治、生物防治、物理防治及化学防治。农业防治是其中的一个重要方法，即利用农业生产中的耕作栽培技术来消灭、避免或减轻病害，包括轮作、耕作、除草和田园清洁、选用健康无病的种苗、选用抗病品种、加强水肥管理等。例如对于田园清洁，包括两个方面，一是在生长期间把初发病的叶片、花朵、果实、枝干和植株及时摘除、剪去或拔起，集中烧毁或深埋，以免病原物在田间扩大蔓延；二是在收获后把遗留在地面上的病残株集中烧毁或深埋，这对于减少下一个生长季节病原物的初侵染来源起着很重要的作用。

化学防治就是使用化学农药来防治病害的方法。用于防治真菌和细菌病害的农药叫作杀菌剂，防治线虫的叫杀线虫剂。使用农药是花卉病害防治的重要手段，方法简单，见效快，特别是当病害大发生时，农药防治往往是唯一的有效措施。但是，化学防治也有许多弊端，如污染环境、病菌易产生抗药性等。因此，对待化学防治要慎重，尤其要避免长期使用单一农药。

八、花卉常见病害

1. 叶、花和果的病害

真菌是叶、花和果病害最主要的病原菌，细菌也会引起（彩图 116 为红掌叶片细菌性病害），而由病毒引起的叶部病害也较多，寄生线虫也会引起数种叶部病害。在叶、花和果中，叶存在的时间长，故叶的病害最多。侵染叶部的许多病原物也常侵染花、幼果和嫩枝，有的病害仅侵染花。叶片病害的症状类型很多，主要有下面几种。

（1）白粉病（彩图 117）

白粉病由真菌中的白粉菌引起。这种病害的病症常先于病状。病状最初常不明显。病症初为白粉状，近圆形斑，扩展后病斑可联结成片。一般来说，秋季时白粉层上出现许多由白而黄、最后变为黑色的小点粒——闭囊壳。少数白粉病晚夏即可形成闭囊壳。

（2）锈病（彩图 118）

锈病由真菌中的锈菌引起。一般来说病症先于病状。病状常不明显，黄粉状锈斑是该病的典型病症。叶片上的锈斑较小，近圆形，有时呈泡状斑。

（3）煤污病（彩图 119）

煤污病又称为煤烟病，主要由真菌中的煤污菌和某些半知菌引起。有病叶片被黑色的煤粉状物所覆盖，有的煤污层在叶片上覆盖牢固，有的则易脱落。煤污病的发生与蚜虫等小虫的危害关系密切，与花卉自身的分泌物也有关系。该病影响了花卉的光合作用，削弱其生长功能，降低其观赏性。

（4）灰霉病（彩图 120）

灰霉病是草花上最常见的真菌病害，灰葡萄孢霉是灰霉病的主要病原菌。在潮湿、低温条件下，灰霉病会引起疫病、叶斑、溃疡等症状，病部长满灰色霉层。

（5）炭疽病（彩图 121）

炭疽病是最常发生的一种病害，草花和木本花卉都会发生，病原物为刺盘孢属真菌。以叶子发病最多，引起叶斑，其他器官也有。不同花卉炭疽病的病斑表现出的形状和颜色尽管不完全相同，但是到后期都会形成同心轮纹状，并且往往会产生散生的黑色小粒点，或溢出赭红色黏质分生孢子团。

（6）叶斑病（彩图122）

除白粉病、锈病、煤污病、灰霉病、炭疽病等以外，叶片上所有的其他病害统称为叶斑病，主要病原物是半知菌真菌。各种叶斑病的共同特性是局部侵染引起的，叶片局部组织坏死，产生各种颜色和各种形状的病斑，有的病斑可因组织脱落形成穿孔。病斑上常出现各种颜色的霉层或子实体。

（7）叶畸形

叶畸形是由一些真菌、病毒等所引起。病原物刺激寄主细胞增生或抑制细胞的分裂，导致叶片组织局部或全部肿胀、变厚、变小或变细，见彩图123。如山茶花叶肿病、梅花缩叶病、大丽花蕨叶病等。

（8）变色型病害

变色型病害一般是由病毒引起的，有些是生理缺素引起的。病毒侵染叶片、花瓣等，可引起花叶、斑驳、条纹、条斑等症状，见彩图124。从观赏的角度来说，有些花卉的病毒病反而增加了花或叶的观赏价值，如郁金香、国兰等都存在这种情况。

2. 茎干病害

花卉茎干病害的种类虽不如叶部病害多，但危害性很大，不论是草花的茎，还是木本花卉的枝条或主干，受病后往往直接引起枝枯或全株枯死。

真菌、细菌、茎线虫等都能危害茎干，但仍以真菌为主。茎干病害的症状类型，有腐烂及溃疡、枝枯、肿瘤、丛枝、带化、萎蔫、立木腐朽、流胶、流脂等。不同症状类型的茎干病害，发展严重时，最终都能导致茎干的枯萎死亡。

茎干病害的潜育期通常比叶、花和果病害长，一般多在半个月以上，少数病害或长达1~2年甚至更长时间。腐烂病和溃疡病还有潜伏侵染的特点。

由真菌引起的常见茎干病害有茎腐病（彩图125）、枝枯病（彩图126）、早疫病、晚疫病、绵疫病、菌核病、立枯病、软腐病、枯萎病、疫腐病等。由细菌引起的常见茎干病害有疫病、青枯病、软腐病、溃疡病、基腐病等。

3. 根部病害

花卉根部病害的种类虽不如叶部和茎干部病害的种类多，但所造成的危害常是毁灭性的，如染病的幼苗几天内即可枯死。幼树在一个生长季节即可造成枯萎，大树延续几年后也可枯死。

根病的症状类型可分为：根部及根颈部皮层腐烂，并产生特征性的白色菌丝等；根部和根颈部出现瘤状突起；病原菌从根部入侵，在维管束定殖引起植株枯萎；根部或干基部腐朽等。根病的发生，在植株的地上部分也可反映出来，如叶色发黄、放叶迟缓、叶型变小、提早落叶、植株矮化等。彩图 127 所示即根腐病症状。

引起根病的病原，一类是属于非侵染性的，如土壤积水、酸碱度不适、施肥不当等；另一类是属于侵染性的，主要由真菌、细菌和线虫引起。根病病原物大多属土壤习居性或半习居性微生物，腐生能力强，一旦在土壤中定殖下来就难以根除。

根病的诊断有时是困难的，根病发生的初期不易被发现，待地上部分出现明显症状时，病害已进入晚期。已死的根常被腐生菌占领取代了原生的病原菌。另外，根病的发生与土壤因素有着密切的关系，所以发病的直接原因有时难以确定。

根病的防治较其他病害困难，因为早期不易被发现，失去了早期防治的机会。另外，侵染性根病与生理性根病常易混淆。在这种情况下，要采取针对性的防治措施是有困难的。

根病的发生与土壤的理化性质密切相关，这些因素包括土壤积水、黏重板结、贫瘠、微量元素、pH 值等。由于某一方面的原因就可导致植株生长不良，有时还可加重侵染性病害的发生。因此在根病的防治上，选择适宜花卉生长的立地条件，以及改良土壤的理化性状，要作为一项根本的预防措施。

严格实施检疫、病土消毒、球根挖掘及栽植前的处理，是减少初侵染来源的重要措施。加强养护管理提高植株的抗病能力，这对由死养生物引起的根病，在防治效果上是明显的。

九、常见的杀菌剂

杀菌剂防治病害的原理有两种，一种是保护作用，另一种是治疗作用。

保护作用是指植株在患病之前喷上杀菌剂，抑制或杀死真菌孢子或细菌，以防止病原菌的侵入，使植株得到保护。这类药剂称为保护剂，如波尔多液、代森锌等。在发病初期及时喷药消灭发病中心是一个重要环节，特别是在病害流行季节，及时喷药预防病菌的侵入，显得更为重要。

治疗作用就是在植株感病后喷上杀菌剂，能够阻止病害继续发展，甚至使植株恢复健康。这一类药剂是在病原菌侵入后，用来处理植株的，称为治疗剂。这类杀菌剂都是属于内吸性的，能够被植株吸收到体内而杀死病菌，如托布津、多菌灵等。

1. 无机杀菌剂

（1）波尔多液

波尔多液属于保护性杀菌剂，药液喷在植物体表面形成比较均匀的薄膜，残效期长，可达15天左右，不易被雨水冲刷，成本低。在花卉上应用防病范围广，对真菌所致的病害如霜霉病、黑斑病、疫病、叶斑病、立枯病、斑枯病、炭疽病、猝倒病、缩叶病等，均有良好的防治效果，对细菌性病害也有防治作用。

波尔多液是用生石灰和硫酸铜人工配制成的，原料有多种配合量，常用的一种是500 g（1斤）硫酸铜+500 g（1斤）生石灰+50 000 g（100斤）水配制成，称为1∶1∶100等量式波尔多液。此外还有1∶2∶100，0.5∶0.5∶100等比率。

在配制时，先把水的用量分为两等份，一份水用来溶解硫酸铜，另一份水用来配制石灰乳。配制石灰乳时，应先用少量热水把生石灰化开，再用少量水把消解的石灰调成糊状，最后加入剩余的水搅拌即成石灰乳。把充分溶解的硫酸铜和石灰乳同时倒入第三个容器内，或者把溶解的硫酸铜液倒入已调好的石灰乳中，边倒边搅拌，即成天蓝色的波尔多液。药液现配现用，不能久放。

生石灰和硫酸铜的质量要好，生石灰宜白、质轻、块状，硫酸铜用纯蓝色的工业用品，在化工产品商店可以购买得到；配制时石灰乳和硫酸铜液均应冷却到室温，两者原液混合后稍加搅拌即可，搅拌太久会影响其悬浮性；配制的容器不能用金属容器，最好用陶器或木桶。配好的药液带碱性，若呈酸性，应再加石灰。生石灰放置久了会吸潮变成熟石灰，熟石灰也可用，但用量需增加约30%。

波尔多液主要是其中的铜离子能杀死病菌，但是配制麻烦。目前有几种商品含铜杀菌剂可取代波尔多液，如氧化亚铜（靠山、快得宁）、氢氧化铜（可杀得）、碱式硫酸铜、氧氯化铜（王铜、好宝多）、络氨铜（瑞枯霉）、松脂酸铜（绿乳铜）等，有的还适宜灌根。以上药剂的持效期一般为 7~10 天。遇高温高湿或阴湿天气要尽量避免使用这些铜剂，以免发生药害。

（2）石硫合剂（石灰硫黄合剂）

石硫合剂是一种由人工配制成的效果很好的保护性无机杀菌剂，原液为深红褐色透明液体，有臭鸡蛋味，呈碱性。可用于防治白粉病、锈病、炭疽病、黑星病、叶斑病、霜霉病、穿孔病、褐烂病、褐斑病等，同时还兼有防治红蜘蛛和介壳虫的作用。

通常用 1 份生石灰、2 份硫黄粉和 10 份水熬制而成。具体方法是：首先把生石灰放入瓦锅或生铁锅内，加入少量水使石灰消解，然后加足水量，加温烧开后，滤出渣子，再把事先用少量热水调制好的硫黄糊自锅边慢慢倒入，同时进行搅拌，并记下水位线，然后加火熬煮，沸腾时开始计时（保持沸腾 40~60 分钟），熬煮中损失的水分要用热水补充，在停火前 15 分钟加足。当锅中溶液呈深红棕色、渣子呈蓝绿色时，则可停止燃烧。进行冷却过滤或沉淀后，清液即为石硫合剂母液，其波美度（波美度是表示溶液浓度的一种方法）一般为 20~24。原液在使用前必须稀释，休眠期喷洒可用波美度 3~5，生长期只能用波美度 0.3~0.5 的稀释液。

熬制石硫合剂剩余的残渣还可以配制为保护树干的白涂剂，能防止日灼和冻害，兼有杀菌和治虫作用，配制比率为生石灰：石硫合剂残渣：水 = 10：1：40，或者生石灰：石硫合剂残渣：食盐：动物油：水 = 10：1：1：2：40。

目前商品也有 45% 石硫合剂结晶，纯度高、杂质少，药效是传统熬制石硫合剂的 2 倍以上，可持续半个月左右，7~10 天达最佳药效。

2. 有机硫类杀菌剂

（1）代森铵

代森铵具有保护和治疗作用，杀菌力强，在病害发生初期使用为佳。可防治霜霉病、白粉病、黑斑病、叶斑病、疫病、枯萎病、猝倒病、立枯病等。用于植株喷雾或浇灌土壤。

（2）代森锌（阿巴姆）

代森锌为保护性杀菌剂，广谱性（指可以防治比较多种类的病害），在发病初期喷，7~10天1次，一般喷3次，可防治霜霉病、软腐病、黑斑病、褐斑病、白锈病、炭疽病、绵疫病、锈病、立枯病等。

（3）代森锰锌（大生富、大生、新万生、速克净、喷克、山德生）

代森锰锌为广谱保护性杀菌剂，能防治炭疽病、早疫病、晚疫病、霜霉病、灰霉病、猝倒病、叶斑病、轮纹病、圆斑病等。

（4）福美双

福美双为保护性杀菌剂，抗菌谱广，能防治立枯病、猝倒病、疫病、炭疽病等。药剂可灌根或进行喷雾。

3. 取代苯类杀菌剂

（1）甲基托布津（甲基硫菌灵）

广谱内吸性杀菌剂，可防治真菌病害如褐斑病、叶斑病、炭疽病、白粉病、菌核病等，隔7~10天喷1次，喷3~5次。

（2）百菌清（达科宁）

广谱非内吸性保护剂，可防治多种真菌病害。不易受雨水冲刷，药效期7~10天。对锈病、褐斑病、黑斑病、霜霉病、炭疽病、灰霉病、白粉病等都有效果。

（3）敌克松（敌磺钠、地可松）

以保护作用为主，兼有治疗作用。通常作为土壤和种子处理剂，可防治多种根部真菌病害，如根腐病、软腐病、枯萎病、猝倒病等。

（4）瑞毒霉（甲霜灵、甲霜安、瑞毒霜、雷多米尔、阿普隆）

内吸性杀菌剂，对霜霉病有特效，也可防治疫病、立枯病等。用于喷雾或处理土壤。

（5）五氯硝基苯（土壤散）

保护性杀菌剂，一般用于处理土壤，残效期长，可防治立枯病、猝倒病、菌核病、炭疽病等。使用时，可用40%粉剂0.1 kg，加3~5 kg干细土拌均匀，然后将药土施入根际或播种沟、穴，并覆土。

（6）托布津（硫菌灵、统扑净）

广谱内吸性杀菌剂，兼有保护和治疗作用，可防治白粉病、菌核病、灰霉病、炭疽病等。

4. 有机杂环类杀菌剂

（1）粉锈宁（三唑酮、百理通）

内吸性强的杀菌剂，可防治锈病、白粉病、黑腐病等。其残效期长，喷 1~2 次即可。

（2）多菌灵（棉萎灵、苯并咪唑 44 号）

内吸性杀菌剂，可防治白粉病、褐斑病、叶斑病、灰霉病、炭疽病、猝倒病、疫病、菌核病、立枯病、枯萎病等。根据病情发展情况决定喷药次数，7~10 天喷 1 次。也可用作土壤处理。

（3）敌菌灵

内吸性杀菌剂，杀菌谱较广，对霜霉病、炭疽病、叶斑病等都有效。

（4）速保利（烯唑醇、特灭唑）

广谱性杀菌剂，具保护和内吸作用，可防治白粉病、锈病、黑粉病等。

（5）噻菌灵（特克多、涕必灵）

内吸性杀菌剂，兼具保护和治疗作用，可防治白粉病、灰霉病、炭疽病等。

（6）乐比耕（氯苯嘧啶醇）

广谱性杀菌剂，具预防和治疗作用，可防治锈病、白粉病、炭疽病、黑斑病、褐斑病等。

（7）丙环唑（敌力脱、必扑尔）

广谱内吸性杀菌剂，可防治白粉病、根腐病、叶斑病等。

（8）咪鲜胺（咪鲜安、施保克、扑霉灵、菌百克、使百克、施富乐、果鲜灵、保禾利、疽止）

广谱非内吸性杀菌剂，可有效防治多种真菌病害，如炭疽病、叶斑病、煤污病、黑斑病、灰霉病、褐斑病、疫病、圆斑病、轮纹病等。另有咪鲜胺锰盐（咪鲜胺锰络合物、施保功），防治对象与咪鲜胺相同。

（9）苯菌灵（苯来特、苯乃特、苯莱特、免赖得）

广谱内吸性杀菌剂，具有保护、治疗和铲除作用。对多种真菌病害有防效，如白粉病、炭疽病、褐斑病、灰霉病、立枯病、镰刀菌引起的茎腐病和根腐病等。还可用于防治螨类，主要用作杀卵剂。可作喷雾和土壤处理。

（10）丙环唑（敌力脱、必扑尔）

广谱内吸性杀菌剂，可防治白粉病、叶斑病、根腐病等。

（11）异菌脲（扑海因）

广谱杀菌剂，兼具保护和治疗作用，可防治灰霉病、菌核病、早疫病等。

（12）戊唑醇（富力库、立克秀、好立克、菌力克、欧利思、戊康）

广谱内吸性杀菌剂，具有保护、治疗和铲除作用，持效期长，可防治叶斑病、炭疽病、灰霉病、早疫病、褐斑病、黑斑病、白粉病、锈病等。

5. 抗菌素类杀菌剂

这类杀菌剂是用微生物的代谢产物制成的杀菌剂。其中一些可防治细菌性病害，如链霉素（农用硫酸链霉素）、新植霉素（土霉素+链霉素）、春雷霉素（加收米）等。另外一些可用于防治真菌病害，如抗霉菌素120（农抗120）可防治白粉病、枯萎病等；多抗霉素（科生霉素、宝丽安、多氧霉素、多效霉素、保利霉素）可防治白粉病、霜霉病、灰霉病、黑斑病等。

6. 其他类杀菌剂

例如硫黄，可防治白粉病，商品有45%和50%硫黄悬浮剂。三乙膦酸铝（乙膦铝、疫霉灵、疫霜灵）为有机磷类灭菌剂，内吸性，可防治霜霉病、疫病等。

嘧菌酯（阿米西达）是以源于蘑菇的天然抗菌素为模板，通过人工仿生合成的一种全新的杀菌剂，几乎对所有真菌类病害都有良好的防治效果。由于与现有杀菌剂作用方式不同，活性高，病菌不易对嘧菌酯产生抗药性。嘧菌酯具有预防兼治疗作用，特别是预防保护作用极为突出，效果是普通保护性杀菌剂的十几倍到100多倍，根据各地的使用经验，使用嘧菌酯最合适的三个时期是苗期、开花期和果实生长期。嘧菌酯是世界上第一个大量用于农业生产的免疫类杀菌剂，是世界上用量最大、销售额最多的农用杀菌剂，广泛应用于各种作物。

7. 混合杀菌剂

混合杀菌剂是指厂家把两种不同的药剂混合在一起制成的杀菌剂，杀菌谱更广，可增强杀菌效果，不易使病菌产生抗药性。

（1）退菌特（三福美、透习脱、土斯特）

保护性，广谱性，可防治霜霉病、白粉病、轮纹病、褐斑病、黑斑病、叶斑病、炭疽病、猝倒病、立枯病、白绢病、根腐病、细菌性疫病、细菌性角斑病等。

（2）多-硫（灭病威）

由多菌灵和硫组成，广谱性，可防治白粉病、叶斑病、褐斑病、锈病等。

（3）杀毒矾

内吸性杀菌剂，可防治霜霉病、白粉病、早疫病、晚疫病、猝倒病等。

此外，还有多·霉威（多霉灵）、甲基硫菌灵·硫黄、硫菌·霉威、甲·福、乙膦铝·锰锌、霜脲·锰锌、雷多米尔锰锌（瑞毒霉锰锌、甲霜灵·锰锌）、二元酸铜（琥胶肥酸铜）、甲霜铜、甲霜铝铜、多丰农、植病灵、抗枯灵、多克菌、加瑞农、拌种双等。

8. 杀线虫剂

呋喃丹属于杀线虫剂，对其他害虫也有很好的防治效果。杀线虫剂还有益收宝（丙线磷、灭克磷）、克线丹、力满库（苯线磷、克线磷、苯胺磷）等，这些颗粒剂农药都是高毒性的，注意小心使用。

模块三　安全使用农药及喷雾器的维护

一、农药的剂型

农药经过加工制作成的可使用的剂型主要有下列几种。

1. 粉剂

为喷粉或撒粉用的剂型。粉剂为一种微细的粉末。如 2% 杀螟松粉剂，除含有 2% 的有效成分粉外，其余的都是填充粉。

2. 可湿性粉剂

为喷雾用的剂型，也是一种微细的粉末。与水混合后需不断搅拌，以防粉剂沉淀。它与乳剂相比，能更快从叶片上洗掉。

3. 可溶性粉剂（水溶剂）

为喷雾用的剂型，也是以干粉状出售。

4. 乳剂（乳油）

为喷雾用的剂型。是均匀一致透明的油状液体，加水后即形成乳状液。乳剂的油珠很小，喷洒到植物体上后，水被蒸发，小的油珠便迅速扩展到比原来的油珠大 10~15 倍的面积上，形成一个薄的油膜，既能起杀虫作用，又不致伤害植物。

5. 水剂（水溶性剂）

水溶性药剂可不必加工直接制成水剂出售，使用时加水即可。水剂农药成本低，但不耐储藏，湿润植株性也差，除内吸剂外，残效期也短。

6. 颗粒剂

多数颗粒剂含有效成分低，有效成分遇水而释放。当颗粒剂受潮时，有效成分会被稀释或脱离载体。一般颗粒剂用于土壤处理。由根系吸入植物体内的内吸杀虫剂，常以颗粒状施用，如呋喃丹等。

7. 其他剂型

熏蒸剂是使用时形成气体的农药；毒饵是农药和食物的混合剂，用于吸引蜗牛、蛞蝓、地老虎、蚂蚁、蝗虫等。

二、农药的施用方法

1. 喷粉或撒粉法

利用喷粉器械喷撒粉剂的方法叫作喷粉法或撒粉法。喷粉的时间应在无风时进行。

2. 喷雾法

利用喷雾器械将药液分散成极细小的雾点喷洒出去的方法叫作喷雾法。主要有以下几种。

（1）一般喷雾法

一般喷雾法就是采用人力喷雾器或机动喷雾器喷出药液雾的喷雾法。喷出的药液雾点直径为 100~200 mm。如果喷雾器的压力不足，或喷头的喷眼大，则雾点过大，药剂易从植株上流失。一台普通背负式喷雾器一天约能喷 2~4 亩（1 333.33~2 666.67 m²）地，每亩需药液 50~100 kg。

（2）低容量喷雾法

低容量喷雾法也称浓缩喷雾法或弥雾法。它借助弥雾机的高速气流，将药剂分散成细小的雾滴（直径 50~100 mm）。这种喷雾法需液量较少，为一般喷雾法的 1/20~1/10，使用药液的浓度较一般喷雾法约高 10 倍。它喷洒速度快，节省劳力，防治效果好。有的弥雾机一天可喷 40~60 亩（2 666.67~40 000 m²）的面积。

（3）超低容量喷雾法

超低容量喷雾法是在低容量喷雾的基础上发展起来的一种新的喷雾法，雾滴更小、更快、更省药。

3. 种苗处理

用农药粉剂或高浓度药液混拌种子或球根（拌种），或者用药液浸渍种子或球根（浸种），或在苗移栽前用药剂处理（幼苗处理）等，均属种苗处理。这种方法主要用于防治地下害虫及苗期害虫。

用粉剂拌种的药量一般为种子重量的 0.2%~1%。如用乳剂拌种，可先用少量水稀释药剂，然后用喷壶喷洒在种子上，边喷边翻动，药液喷完后再继续翻动，直至种子全部湿润，然后再用席子或草袋覆盖闷一定时间，待药液全被种子吸收后再进行播种。

浸种可用乳剂、可湿性粉剂或水溶剂，先加水稀释后再进行浸种，浸种的药水量要多于种子量，一般约为种子的两倍，浸种的药液可连续使用，但要补充所减少的药量。

4. 土壤处理

将药剂施入土壤，使土壤带毒，以发挥杀虫作用。这种方法多在播种前或移植前进行，常用于防治地下害虫和苗期害虫。一般做法有两种，一是全面处理土壤，即将药剂先喷撒在土壤表面，然后翻耙至土壤中。二是局部处理，即将药剂撒入播种沟或播种穴或移植穴中，这种方法用药比较节省，但作业较不方便。

5. 施颗粒剂与毒土

将颗粒剂或毒土直接撒布在地畦上或作物根际周围，用以防治地下害虫、苗期害虫或蚜虫等。毒土的做法很简单，即将药剂与一定数量的细土（或细沙）混拌而成，用土量每亩约需 15 kg，土量过少不易撒布均匀。

6. 施毒饵

将药剂与害虫喜食的饵料混拌在一起，撒入田间，诱引害虫取食以发挥杀虫作用，主要用于防治地下害虫或活动性较强的害虫。

7. 熏蒸法

利用熏蒸法或挥发性较强的药剂，进行熏蒸处理，以防治害虫。这种方法主要用于温室大棚害虫，如用敌敌畏熏蒸温室粉虱等。施药人员在操作处理时应戴防毒面具。

三、农药的损失

农药在施用时及施用后，除了被植株吸收外，还会以其他途径损失掉。如喷药时，风会吹走雾滴，会使目标区集结的农药量不够。如果风速大于每小时几公里，通常不应进行喷药。早晨和晚上比一天中其他时间的风都小。

水能够消除目标区的农药，降雨或灌溉水会带着植株上的农药向土壤渗透。施在土壤中的颗粒农药必须浇水，但是过多的浇水或雨水会使农药渗透至根系层以下，造成环境污染。

挥发是农药离开目标区的另一种方式。温度较高时，挥发是常有的，这样就降低了防治害虫的效果。即使农药保留在目标区，最后也会丧失毒性。引起的原因有日光分解、吸附作用、微生物分解、化学反应、pH 值、存放时间等。有些农药不能够混用，原因之一就是 pH 值不同，容易引起分解。多数农药不能在稀释后过夜保存，因为混合剂会变得不稳定。

农药施用后维持毒性的时间有长有短。残毒时间短的农药称为短效农药，时间长的农药称为长效农药。长效农药由于毒性持久，可减少施药频率，所以是人们所期望的农药，但它们在外界停留时间太长，会产生环境污染、更易导致人畜中毒等问题。

四、合理使用农药

如果使用得当，农药确实是一种很好的防治病虫害的工具。但使用者必须掌握病虫害的生命周期和规律，了解农药的各种特性及使用知识。如果使用不当，不但造成人力、物力和财力的浪费，而且可能带来严重后果，特别是杀虫剂。

合理使用农药的主要内容是：做到防治效果好，对花卉无药害，对人、畜、天敌等比较安全，对环境污染少，能预防病虫害产生抗药性，经济上合算，增产增收。简单来说，应做到经济、安全和有效。合理使用农药概括起来主要有下列措施。

1. 对"症"下药

在防治某种害虫时，所选用的药剂种类和剂型都比较合适，应用之后既能取得较好的防治效果，又没有其他副作用。所以必须先了解农药的性能和防治对象，才能做到对"症"下药。如敌百虫以胃毒为主，对蛾蝶类等幼虫效果好，对蚜虫效果差。

2. 适时用药

在虫害问题发生之前，通常不使用杀虫剂。当发现有害虫，需要使用杀虫剂时，就要注意掌握适时用药的原则，也就是用少量的药剂能达到较高的防治效果的时期。各种害虫的习性和危害期各有不同，其防治的适期也不完全一致。但按照一般规律，在初龄期害虫对杀虫剂更敏感，当幼虫或若虫成熟时，其敏感程度就降低了。通常施药时间同孵化时间一致时，防治效果最好。所以防治害虫的关键是对害虫进行早观察早诊断，使生产者能在发生害虫严重伤害之前用杀虫剂。由于一些害虫很小，肉眼不易发现，而且有的藏于叶背，所以配备一个放大镜经常进行检查是十分必要的。

对于病害来说，在病原菌还没有到达寄主之前喷保护剂，效果最大。因为各种药剂在植株上都有一定的残效期，所以也不要喷药过早。

喷药时也要注意次数，次数过多，造成浪费；次数过少，不能达到防治效果。如病虫害流行季节，喷药的次数可多些；药剂的残效期短的，喷药次数要多些。

3. 掌握配药技术

配药时，药液浓度要准确，依照说明书上的使用浓度，不要随意改变。一般浓度越大，杀死病虫害的效果就越好，但是会使施药者更危险，植株更可能发生药害，病虫害也更易产生抗药性，成本也更高。不要为了节省农药而降低使用浓度，否则防治效果必然欠佳。

固体农药应用小匙，在秤或天平上垫一张小纸来称取，液体农药则用量筒或注射器量取。配制乳剂时，为使药剂在水中溶解好，分散均匀，可先配成 10 倍液，然后再加足水。

要使药液浓度配制准确，需要知道如何进行正确的计算。例如，要配制 80% 敌敌畏乳油 500 倍液 1 000 mL，因为 500 倍液是指 500 mL 水中含有 1 mL 80% 敌敌畏乳油，所以配制 1 000 mL 药液时，需要量取的 80% 敌敌畏乳油为 1 000/500 = 2 mL，需要量取的水则为 1 000 − 2 = 998 mL ≈ 1 000 mL。再如，要配制 80% 敌百虫晶体 800 倍液 2 000 mL，因为 800 倍液是指 800 mL 水中含有 1 g 80% 敌百虫晶体，所以配制 2 000 mL 药液时，需要量取的水为 2 000 mL，需要称取的 80% 敌百虫晶体则为 2 000/800 = 2.5 g。

4. 保证施药质量

喷雾器的喷头与植株距离不要过近，应距离半米以上。在喷药时力求均匀周到，否则很难保证防治效果，更不要有丢行、漏株现象。如果喷洒的农药是没有内吸性的保护剂，还应把药液喷到叶片背面，才能收到较好的效果。另外，喷药时喷的量不要太多，以为一定要把药水喷到植株上流出水滴才算喷透、有效，这是不对的。这种做法一方面浪费农药，另一方面反而不能够让植株上留有足够的药水。每次喷药只要让植株表面留下一层雾滴即可。

施在土中的颗粒农药，需浇一定量的水让其溶解移动，但不要浇太多的水，以免流失。

5. 注意气候条件

一般在晴天、无风或微风时进行施药，刚下完雨或叶片还湿时不宜施药，要下雨的前几天也不宜施药。对于一些黏附力较差的或没有内吸性的药剂，要看具体情况进行补喷。气温低时多数有机磷农药效果不好，应在中午前后施药；气温高时药效虽好，但易引起药害，因此应避免在夏天中午施药。

对于吃新茎叶的害虫，午后或傍晚施药最理想，因为很多危害新茎叶的害虫在夜间进食，傍晚施用能保证害虫最大程度地接触药物。

6. 合理混用药剂

各种农药各有优缺点，两种以上农药混用，往往可以互补缺点，发挥所长，起到增效作用或兼治两种以上的病虫害，并可节省劳动力。农药混用也是克服害虫产生抗药性的有力措施。例如，有机磷类与氨基甲酸酯类农药之间均可混用，植物性农药和微生物农药也可与这两类有机农药混用。同类药剂如多数有机磷类农药之间可混用。

但是并非所有药剂都可以互相混用，混用不当可能降低药效，甚至产生药害。如有机磷类农药中的敌敌畏、乐果、马拉硫磷等不能与碱性农药混用。敌百虫可以与碱性农药混用，但不能过夜。

7. 避免产生药害

向花卉喷洒农药或用农药处理土壤后，使植株中毒，引起植株生长不正常、生理异常乃至死亡等均属于药害。药害分急性药害和慢性药害两种。急性药害一般于施药后几小时至几天内出现，症状比较明显，例如叶上有斑点、变色、烧伤，植株凋萎、落叶、落花、落果乃至整株死亡。慢性药害一般需经较长时间才表现出来，主要是影响植株的生理活动，如生长不良、叶片变黄或脱落、着花减少等。

药害的发生与药剂种类、花卉种类甚至品种、生长发育时期、气温、土壤质地等有很大关系。如在幼苗期和开花期，以及幼嫩组织和生长较差的植株，都容易产生药害；通常在高温下有利于药剂浸入植物组织而易引起药害等。

药害发生后，轻微者可通过施用速效肥料、灌水或淋洗等办法，加速植株的生长，短期内得到恢复。而药害严重的则不易挽救。

五、害虫的抗药性和防止办法

害虫抗药性是指某种害虫具有抵抗对正常的同种害虫大部分都能致死的杀虫剂剂量的能力。许多害虫由于长期使用药剂防治，使其抵抗药剂的能力增强，以致不得不增加用药量才能保持原来的杀虫效果。有些抗药性极强的种群，即使把用药量或用药浓度提高几倍甚至几十倍，仍然不能取得理想的防治效果。

引起害虫抗药性产生的原因有药剂因素、昆虫因素和环境因素。一般来说，使用药剂的次数越多，或者使用的浓度越高、用量越大，抗性出现就越快。

克服和防止抗药性的方法有下列几种。

1. 合理混用药剂

某种害虫对某种杀虫剂产生抗药性之后，把这种杀虫剂与另外一种杀虫剂混用，则防治效果可得到改善。购买由两三种不同杀虫剂混配成的商品混合杀虫剂来使用，也是有效办法。

2. 换用新药剂

害虫对某种杀虫剂产生抗药性之后，改用另一种杀虫剂，只要作用方式（杀虫机制）不同，就会基本消除害虫对原来那种药剂的抗药性，从而收到较好的防治效果。如抗乐果的蚜虫可改用氧化乐果来防治。

3. 交替轮流使用两种以上不同类型的药剂

利用作用方式不同的药剂交替轮流使用，也是克服害虫产生抗药性的一个办法。

4. 综合防治

采用综合防治，少用药剂防治，多用其他防治措施。

六、农药的毒性对人的影响

有些杀虫剂会毒死或严重伤人，而另外一些则相对安全。如果用错了，所有的农药都是危险的，即使相对无毒的农药也能使皮肤发炎。

农药毒害或伤害人或动物，必定要接触受害者的身体或进入其身体内。因此施药者不应让农药接触自己的身体。农药进入人体有三种途径：口部、皮肤接触和呼吸吸入。皮肤能吸收许多农药，眼睛或伤口接触时也能让农药很快进入人体内，皮肤接触是农药最容易进入施药者体内的途径。空气中农药的毒气和细小的干粉颗粒，均能够通过人口和鼻进入人体内。

农药的毒性有两种类型：急性中毒和慢性中毒。急性中毒是指一个人接触到农药后立刻出现中毒症状，慢性中毒是反复接触农药超过一段时期后产生的中毒。有些农药聚积在人体内，最后导致癌症或者其他严重的疾病。

如果发现有人出现农药急性中毒，应当即刻把中毒者送入医院，并告诉医生是由哪一种农药所引起，或给医生看农药标签。

七、安全使用农药

既然农药会对人产生毒害，特别是一些毒性很强的农药，只要接触少量就可能中毒，所以在处理、施用和储藏农药时，采取安全措施是相当重要的。

1. 阅读说明标签

使用打开农药瓶之前，应仔细阅读说明标签。必须严格遵循标签上的所有说明指导，任何与标签不一致的用药方式都是不可取的。

2. 做好安全防护工作

配药和施药时要做好安全防护工作，如使用橡胶手套、口罩、护目镜、高筒橡胶靴、防水工作服等，这些用具用完后要及时用洗衣粉或肥皂洗净以备再用。绝对不要直接接触农药，这在混合农药之前尤为重要，因为农药在喷雾器中稀释之前浓度很高。

3. 正确配制浓度

根据说明书上介绍的使用浓度，计算好需要使用的农药量。不要随便提高使用浓度。增大农药的用量虽然能获得更好的防治害虫效果，但往往得不偿失。也不要为省钱而减少用量，浓度不够，防治效果必然欠佳。

量取或称取农药时要正确和小心。配成的药液尽量不要过量，因为如果喷洒后剩余大量的药液，往往很难恰当地进行处理。少量未用的农药可施于不污染或不危害环境的未处理区。

4. 配药和施药时严禁吃喝

在配药和施药过程中，严禁吃、嗅和喝任何东西。施完农药后，要用洗手液或肥皂洗干净手，并尽快换下被污染的衣服，然后彻底洗澡。

5. 施药时注意天气

风大时不要施药。有风天喷洒农药要顺风喷，人在上风头，将喷头朝向人的前方，一边退一边喷。

6. 施药后注意安全

施药后的区域在短期内不要进行割草、挖野菜等活动。注意看管畜禽，避免其误食喷过农药的花卉或杂草。

7. 注意保管工具

配药要有专门工具，不能与人或畜用具混用。用具用后必须用含洗衣粉的溶液彻底洗刷，再用清水洗净存放。

8. 恰当地储放农药

不要在住室或畜棚内储存农药。不要将农药放置在食物或饲料附近。储存农药的建筑物或房间应当干燥，最好有通风设备。大多数农药如果远离冰冻或高温条件，并保持密闭、干燥，其储放时间至少为两年，但最好是尽快用掉。农药最好单独放在一个房间里，或者保存在专门的储存柜或箱中。

八、背负式喷雾器的使用与维修

喷雾器有手动与电动两大类，虽然目前各种喷雾器的型号、品牌和生产厂家不同，但结构大同小异，基本上都是由药箱、唧筒和喷管、喷头几部分组成。下面介绍的是在花卉生产中使用比较普遍的背负式喷雾器的使用与维修技术。

1. 使用与保养

（1）喷雾器在使用前，应将连杆、塞杆等活动部位加好润滑油，尤其是唧筒帽下的皮碗容易干缩破损，如果在使用前上好润滑油（可用食油代替），使用时上下移动就不易发热，使皮碗耐用。

（2）使用时，药液箱里必须先加药剂，然后再加干净水，同时要求药液面不能超过安全水位线。若是先配好药水再倒入药液箱，药水的渣滓不要倒入药液箱，防止喷头出现阻塞。

（3）药桶上肩要安全。背药桶时要防止药液从桶口淌出，流到身上。药桶上肩方法是：将药液桶放在较高位置处，如凳子、台阶等上，位置较低时人略蹲下直起背，把桶上的背带轻轻地扣在肩上，药液桶平平稳稳地上肩，人再慢慢站立起来，药液就不会淌出来，人也轻松多了。

（4）在喷雾之前，应先压动摇杆数次，使气室内的气压达到工作压力后再打开开关，边走边打气边喷雾。如果压动摇杆感到沉重，就不能过分用力，以免气室爆炸。

做好应急处理。所谓应急处理是指在喷药过程中偶然发现连接处漏水，或喷头不喷雾，或喷雾成直线等情况时的处理。遇到这些问题，先要将喷杆上的开关关好，切不可边喷边处理，也不可敲敲打打，否则不仅会使药液喷不到位，而且可能将药液喷到身上、脸上，带来不良后果。关好开关后，再视情处理。如连接处漏水，一般拧紧就行；如是垫圈破了，则可将原垫圈恢复原型再拧紧，喷完药后再换新垫圈；如是喷头斜孔堵塞，则用小铁丝锉通（应将一小段细铁丝常挂在药桶旁备用）。

（5）喷药完毕，应倒出桶内残余药液，加入少量清水继续喷洒干净，并用清水清洗各部位，然后打开开关，置于室内通风干燥处存放。喷洒完除草剂的喷雾器要注意清洗干净，否则下次再喷农药时残留的除草剂会导致花卉产生药害。若较长时间内不再使用喷雾器，则要将各个金属零件涂上黄油，防止生锈。

2. 故障与维修

（1）开关漏水

一般是开关帽下垫圈使用时间过长，因磨损而老化，产生间隙而漏水。若开关帽松动，开关芯粘住，也会引起漏水，可采用拧紧、更换垫圈、清洗、加油处理。

（2）雾化不良

喷雾时断时续，水、气同时喷出。原因是桶内出水管焊接处脱焊，可拆下用锡焊补。若喷出的雾不是圆锤形，原因是喷孔堵塞，喷头片孔不圆，可清除喷头内杂物，更换喷头片。如喷片下垫圈损坏，则应更换新垫圈。

（3）气筒打不进气

一般是皮碗硬化或磨损破裂；也可能是皮碗底部的螺帽松动脱落，皮碗脱离塞杆，连皮碗一并掉在唧筒里。可取下连杆上的销钉，卸出连杆，拧开唧筒盖，将塞杆从唧筒内取出；如皮碗掉在唧筒里，可用粗铁丝或细钢筋将皮碗、皮碗托、螺帽取出。首先检查皮碗是否磨损，如损坏，则更换新的；如干缩硬化，可放在机油内浸软后安装。若是螺帽松动脱落，除检查皮碗外，还应检查塞杆的螺丝是否吻合，不吻合的应及时更换新的。

（4）气室塞杆自动上升，压盖顶端冒水

是由于气壁或气室底有裂缝脱焊或阀壳内玻璃球被杂物堵塞，不能与阀体密合或皮碗破损。可用锡焊补裂缝，清除阀体杂物，或调换皮碗。如果玻璃球坏了，还要更换玻璃球。

（5）气室压盖漏气或加水盖漏气

原因是皮垫圈损坏或凸缘与气室脱焊，应更换垫圈或锡焊。

（6）开关转动不灵活

因为喷雾器久置未用，开关芯因药液锈蚀凝牢。可将开关拆下放进煤油中清洗，擦除锈迹，涂上适量润滑油装好。

（7）桶盖冒水

加水过量，桶内液面高出水位线太多。排除方法是将桶内多余液体倒出至水位线即可。

（8）喷头滴水但喷不出雾

一般是喷头片孔、喷头内斜孔或套管内滤网堵塞所致，也可能是进水阀内玻璃球被脏物缠结，堵塞进水道。排除方法是：先拆下喷头及喷头帽，检查喷片孔及喷头内斜孔是否有脏物，如有，用细木棍通透二孔，并在清水中清洗后安装。如喷头处无堵塞现象，再拆下套管，将管内滤网上的脏物清除干净。若喷头及套管均无堵塞现象，就应拆卸气室组件及出水阀，将唧筒取出，将进水阀从唧筒上拧下，清除脏物，并在清水中清洗干净后再安装。

（9）胶管漏水

胶管使用久了，可能出现裂孔喷水，此时应拆下处理，漏水处在胶管两端，可将漏水的那节剪下来，再将胶管接上原处拧紧，如果漏水处在胶管的中间，则要更换新胶管。新胶管狭小，如两端连接不容易接上，可用开水将胶管浸泡2分钟，则容易套上两端连接处，然后用扎丝扎紧连接处即成。

参 考 文 献

[1] 陈发棣，车代弟. 观赏园艺学通论. 北京：中国林业出版社，2009.

[2] H. T. 哈特曼，D. E. 凯斯特. 植物繁殖原理和技术. 北京：中国林业出版社，1985.

[3] 郭学望，包满珠. 园林树木栽植养护学. 北京：中国林业出版社，2006.

[4] 郭维明，毛龙生. 观赏园艺学概论. 北京：中国农业出版社，2007.

[5] 韩烈保. 运动场草坪（第二版）. 北京：中国农业出版社，2011.

[6] 李光晨，范双喜. 园艺植物栽培学. 北京：中国农业大学出版社，2002.

[7] 刘海涛. 花卉栽培基础. 广州：广东人民出版社，2001.

[8] 农业部种植业管理司，农业部农药检定所. 新编农药手册（第2版）. 北京：中国农业出版社，2015.

[9] 吴万春. 植物学. 北京：高等教育出版社，1991.

[10] 郗荣庭. 果树栽培学总论. 北京：中国农业出版社，2002.

[11] 徐明慧. 园林植物病虫害防治. 北京：中国林业出版社，1993.

[12] 西南农业大学. 土壤学（南方本，第二版）. 北京：中国农业出版社，2001.

[13] 杨松龄. 秋季花卉. 北京：中国农业出版社，2000.

[14] 俞玖. 园林苗圃学. 北京：中国林业出版社，1988.